U0142177

化學隨筆

行走在科學的世界裡

(俄)尼查耶夫 著　王力 譯

五南圖書出版公司 印行

叢書序

「0」在數學中有什麼作用？撲克牌魔術是如何變的？光是如何傳播的？雲彩為什麼變幻不已？

螞蟻和人相比哪個是大力士？地球和橘子又有什麼區別呢？

親愛的讀者，在日常生活中，你有這樣的疑問嗎？你是如何找尋答案的呢？你對於你所找到的答案滿意嗎？

我們這套「行走在科學的世界裡」叢書能夠為你提供這些問題的答案。大科學家們運用輕鬆活潑的語言、生動有趣的故事，深入淺出地為你講解生活中蘊含的種種科學道理。

這套叢書包括：

《自然隨筆》：本書是法國昆蟲學家法布爾的著作，他的《昆蟲記》相信很多人都看過。在《自然隨筆》裡，法布爾繼續用講故事的方法為我們揭示自然的奧秘：螞蟻築城、動物的壽命、彩色的泥土、羊的衣服、蜘蛛的橋、聲音的速度、日夜更替、春秋變換、蝸牛和珍珠、火山與地震，諸如此類。法布爾通過故事引領我們進入大自然，去探索和發現自然的神奇。

《化學隨筆》：作者是俄國著名的科學家和作家尼查耶夫。在本書中，作者將帶領你深入物質的內部，揭開世界的構造之謎。微不可見的原子、分子，像一個個美麗的天使一樣，在造物的安排下，按照「美」的規則排列，形成了我們

生存的世界——宇宙。無論是一滴水，還是遙遠的星球，無不是這小小的天使的傑作。

《物理隨筆》：貝列里門首先向我們提出一個問題：「同一天早上八點，一個人能否同時出現在海參崴和莫斯科？」答案是肯定的。你知道是為什麼嗎？作者通過對日常生活現象的描述，揭示了這些現象背後的科學原理：眼睛的錯覺，風從哪裡來，乘太空梭上月球，雪為什麼是白的。這樣的問題你平時是否思考過呢？

《數學隨筆》：伊庫納契夫把枯燥的數位還原到現實世界中來，無論是遊戲，還是太陽光影，駕車的馬匹，樂園的迷宮，都成為數學的教具。怎樣測量埃及的大金字塔，如何最快的玩魔術方塊遊戲，如何找到迷宮的出口，所有這些都可以通過數學運算得到答案，你能夠想得到嗎？

本叢書為你打開了一扇科學的大門，呈現在你面前的是廣闊的知識海洋，沙灘上散落著無數智慧的珠貝，五彩斑斕，美不勝收。讓我們攜手走入這個魅力無窮的世界，開始我們探索萬物奧秘的旅程。

目　錄
CONTENTS

叢書序

001　一、化學的聖經

元素週期表 / 001

利用插圖輕鬆學元素週期表 / 004

金屬元素各具顏色 / 008

鹽與惰性氣體 / 011

從元素看宇宙地球 / 012

⬡是化學的代名詞 / 014

有機化學與無機化學的差異 / 016

煉金術使化學變成「科學」/ 019

鑽石的價值永不改變 / 021

022　二、原　子

元素是什麼 / 027

原子到分子 / 042

最初的元素 / 053

煉金術到化學 / 056

元素週期表 / 061

用分光器採集元素的「指紋」/ 066

利用元素 / 084

有機化合物 / 092

098　三、原子核

如何製造迴旋加速器 / 101

鉲的意思是「人造」/ 111

超越鈾的元素 / 114

鋱 / 116

突破難關 / 123

原子雲中的發現 / 135

152　四、我們的行星——地球

空　氣 / 159

海 / 161

地　殼 / 163

169　五、宇　宙

　　宇宙的物質交換／175
　　宇宙的誕生／180

200　六、電子時代的元素

　　原子內部的奧秘／200
　　電子的排列／203
　　核時代的燃料／207
　　第一個人造元素／209
　　地球上最少的元素／212
　　「海王星」和「冥王星」／214
　　95號到100號元素／217
　　「添丁」的麻煩／220
　　永無止境／223

225　專欄一：門捷列夫小傳

236　專欄二：居里夫人與鐳

286　專欄三：諾貝爾與炸藥

一、化學的聖經

元素週期表

「H，He，Li，Be，B，C，N，O，F，Ne」——這是一般人背週期表的方法。無論是喜歡還是討厭化學的人，一聽到化學，便聯想到元素週期表，一聽到元素週期表，就聯想到化學，可見這兩者的關係密不可分。

然而，大多數人卻不知道，在完成「元素週期表」的整理工作上，化學家們付出了多少辛苦。

提出化學元素說的人，是被稱為「近代化學之父」的法國化學家拉瓦錫。他認為：「一切物質都由元素組成」，為此他發表了化學元素說。遺憾的是，在元素尚未發現以前，他就在法國大革命中被送上了斷頭臺。

但從此以後，化學元素的研究便開始進行。19世紀，英國化學家道爾頓的「近代原子說」揭開序幕之後，在原子量的精密測定下，鉀、鈉等元素便陸續被發現了。

新元素的發現，讓化學家傷透腦筋。

到1830年，被發現的元素達55種之多。現在，包括人造元素在內有103種，其中約一半是在150年前發現的。

新元素的陸續發現，使化學家們深感不安。新元素的性質紛雜，化學家們無法充分瞭解它們和其他元素之間的關聯性。而且，對元素種類的增加也毫無把握。

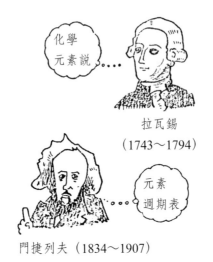

化學
元素說……

拉瓦錫
（1743～1794）

元素
週期表

門捷列夫（1834～1907）

● 新元素的發現，讓化學家傷透腦筋

　　因此，化學家們將這些元素系統地加以分類，並依序作了各種嘗試。俄國化學家門捷列夫就是其中之一。

　　他在學生時代便認為「在元素與元素之間，可能有某種相關的關係」，進入社會以後，他繼續進行各種化學研究。他任職於彼得斯堡大學時，每天上午授課，下午則專心進行研究。

　　由於連夜工作，以至於每天都睡眠不足的門捷列夫，在書房的沙發上打盹，並且做了個不尋常的夢。他夢見表示元素規則的表清晰地呈現在他的眼前。於是，由夢中醒來的門捷列夫，不知不覺地大叫：

　　「對！由原子量小的元素開始排起，整理出來看看！」

　　門捷列夫由沙發上跳起，迷迷糊糊地在友人信件的空白處將過去已發現的62種元素，按原子量由小到大依序排列。

　　結果，他發現每隔七個就會出現性質相似的元素。這就是

「元素週期表」的最初形態。利用這個週期表，可修正以往不正確的原子量或原子價。此外，它也是暗示元素間相關關係的「世紀大發現」。這是1869年3月1日的事。

後來，門捷列夫發現此週期表有若干空位。他認為這些空位就是尚未發現的元素所要占的位置。1871年，他大膽地預言有哪些新元素將填補空位，並預言其性質。這便是鈣後面的元素和鋅後面的兩種元素。

這個預言開始並未受到矚目。但4年後，就發現了鎵（1875年），接著又陸續發現了鈧（1879年）和鍺（1886年）。其性質都和門捷列夫所預言的相差不遠。從此，人們便不再對門捷列夫的週期表持懷疑態度了。

由於發現了週期表，使人類得以解開元素的謎團，但此週期表並非沒有問題。原因是，按原子量由小到大依序排列的元素中，也有性質不合的元素存在。

1913年，門捷列夫逝世6年後，這問題得到解決。英國年輕的物理學家摩斯雷發現，元素的性質應依照原子序數加以分類。現在的週期表就是依照原子序數的順序來排列的。

所謂的原子序數，其大小是由元素所擁有的質子數來決定的。例如：氫（H）的原子只有一個質子，因此其原子序數為1，位置在週期表剛開始列表之處。同樣的，鋰（Li）的質子數是3，因此原子序數為3，位於週期表上的第三個位置（參考第6頁的圖）。

後來，依據元素的化學性質和物理性質，將元素分成鹼金屬、鹵元素、稀有氣體元素（惰性氣體）等各族。

有些近代所發現的元素，是以國名、地點或人名來命名的。例如：鍅（Fr）和銪（Eu）名稱的由來，是取自法國

（France）和歐洲（Europe）的名稱，鑀（Es）和鍆（Md）則是取自愛因斯坦和門捷列夫的名字。

調查元素名稱的由來也是一件很有趣的事。

利用插圖輕鬆學元素週期表

化學的聖經「元素週期表」是由化學家們嘗試各種錯誤後整理出來的。由此，現在我們才能瞭解令人不可思議的元素規則性。從元素週期表中，我們可以瞭解元素的各種性質，並加深對化學的瞭解，但要看懂元素週期表並不是一件容易的事。或許有許多人還不知道元素週期表的作用。為此，我們必須學習看元素週期表的方法，否則永遠也無法瞭解化學。元素週期表就是化學世界的第一道關卡。

首先，將元素週期表放在眼前，看看上面寫些什麼並稍作整理。

元素週期表有「長週期表」與「短週期表」之分。兩者之間有何差異呢？

短週期表的組成，直列是1族、2族、3族……8族，再加上0族，合計九族。橫行則是依照原子價的不同作為區別。但1族到8族屬於同一直列（同一族）的元素，因為有化學性質不同的兩種族，所以又分為A族與B族。

另一方面，元素週期表的橫列分為由1到7的週期。其中，在1、2、3週期，元素的原子序數是2、8、8，這種短週期便會移到下個週期，所以稱為「短週期」，在4～7週期，則是以18、18、32、32變成長週期，因此稱為「長週期」。

此外，在比較同一週期的元素時，愈往左方看，金屬性愈

非金屬增強

金屬增強

短週期　長週期

圖例： □ 非金屬元素　　■ 金屬元素

	1A	2A	3A	4A	5A	6A	7A	8			1B	2B	3B	4B	5B	6B	7B	0
1	H																		He
2	Li	Be												B	C	N	O	F	Ne
3	Na	Mg												Al	Si	P	S	Cl	Ar
4	K	Ca	Sc	Ti	V	Cr	Mn	Fe	Co	Ni	Cu	Zn		Ga	Ge	As	Se	Br	Kr
5	Rb	Sr	Y	Zr	Nb	Mo	Tc	Ru	Rh	Pd	Ag	Cd		In	Sn	Sb	Te	I	Xe
6	Cs	Ba	鑭	Hf	Ta	W	Re	Os	Ir	Pt	Au	Hg		Tl	Pb	Bi	Po	At	Rn
7	Fr	Ra	錒																

鑭系元素	La	Ce	Pr	Nd	Pm	Sm	Eu	Gd	Tb	Dy	Ho	Er	Tm	Yb	Lu
錒系元素	Ac	Th	Pa	U	Np	Pu	Am	Cm	Bk	Cf	Eg	Fm	Md	No	Lr

● 在長週期表中，金屬元素和非金屬元素分得很清楚

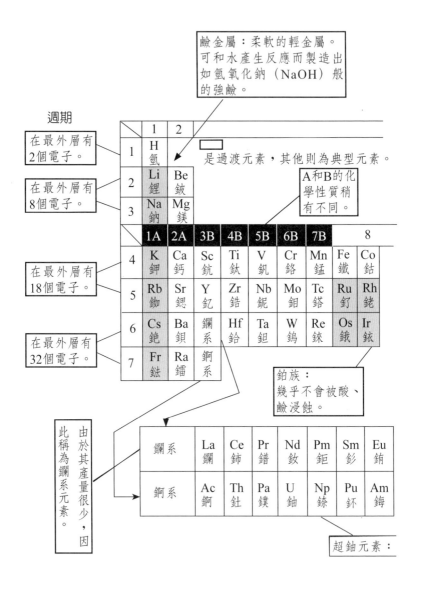

鹼金屬：柔軟的輕金屬。
可和水產生反應而製造出
如氫氧化鈉（NaOH）般
的強鹼。

週期

在最外層有
2個電子。

在最外層有
8個電子。

在最外層有
18個電子。

在最外層有
32個電子。

	1	2
1	H 氫	
2	Li 鋰	Be 鈹
3	Na 鈉	Mg 鎂

□ 是過渡元素，其他則為典型元素。

A和B的化
學性質稍
有不同。

	1A	2A	3B	4B	5B	6B	7B		8
4	K 鉀	Ca 鈣	Sc 鈧	Ti 鈦	V 釩	Cr 鉻	Mn 錳	Fe 鐵	Co 鈷
5	Rb 銣	Sr 鍶	Y 釔	Zr 鋯	Nb 鈮	Mo 鉬	Tc 鎝	Ru 釕	Rh 銠
6	Cs 銫	Ba 鋇	鑭系	Hf 鉿	Ta 鉭	W 鎢	Re 錸	Os 鋨	Ir 銥
7	Fr 鍅	Ra 鐳	錒系						

鉑族：
幾乎不會被酸、
鹼浸蝕。

鑭系	La 鑭	Ce 鈰	Pr 鐠	Nd 釹	Pm 鉕	Sm 釤	Eu 銪
錒系	Ac 錒	Th 釷	Pa 鏷	U 鈾	Np 錼	Pu 鈽	Am 鋂

由於其產量很少，因
此稱為鑭系元素。

超鈾元素：

0族
在空氣中含量極少的氣體，因此稱為「稀有氣體」。幾乎不會和其他的原子結合，所以也稱為「惰性氣體」。

			3	4	5	6	7	0	
								He 氦	1
			B 硼	C 碳	N 氮	O 氧	F 氟	Ne 氖	2
			Al 鋁	Si 矽	P 磷	S 硫	Cl 氯	Ar 氬	3
1A	2A	3B	4B	5B	6B	7B			
Ni 鎳	Cu 銅	Zn 鋅	Ga 鎵	Ge 鍺	As 砷	Se 硒	Br 溴	Kr 氪	4
Pd 鈀	Ag 銀	Cd 鎘	In 銦	Sn 錫	Sb 銻	Te 碲	I 碘	Xe 氙	5
Pt 鉑	Au 金	Hg 汞	Tl 鉈	Pb 鉛	Bi 鉍	Po 釙	At 砈	Rn 氡	6
									7

銅族元素
黃金不易被酸浸蝕但卻會在（鹽酸+硝酸）中溶解。

Gd 釓	Tb 鋱	Dy 鏑	Ho 鈥	Er 鉺	Tm 銩	Yb 鐿	Lu 鎦
Cm 鋦	Bk 鉳	Cf 鉲	Es 鑀	Fm 鐨	Md 鍆	No 鍩	At 鐒

halo和gen分別是「鹽」和「製造」的意思。可和許多元素結合而成。

是利用原子核反應的人造元素，在地球上不會以普通的狀態存在。

強，愈往右方看，非金屬性愈強。因此，陽性（會變成陽離子的性質）會由左方朝右方逐漸減弱，相反的，陰性（會變成陰離子的性質）則會逐漸加強。

也就是說，在同一週期的元素間，隨著原子序數的增加，性質會逐漸改變。7B的元素陰性最強。而且，愈到表的下方，陽性愈強，愈往上方則陰性愈強。

短週期表和長週期表的差異是，長、短週期表各以長、短週期為基準而製表。在長週期表中，A和B分成左右兩邊，所以容易看。而且，如同第5頁圖一般，金屬和非金屬讓人一眼就可辨出，這也是優點之一。

第6、7頁是「週期表插圖」，請以輕鬆的心情進行研究。

金屬元素各具顏色

看過元素週期表上的各元素後，必定會發現金屬元素特別多。在103種元素中，金屬元素占81種。由金、銀、銅、鋁等大家所熟悉的金屬元素，到鈮、鉭等大家較為陌生的金屬元素為止，種類確實不少。

所有的金屬都有個共同點，那就是原子結合的方法。在一般情況下，金屬元素的原子會像下圖中所示一樣，讓最外層的電子重合在一起，使電子自由活動。由於這種自由電子的結合（金屬結合），金屬才特別能導電或傳熱。

即使由外部施加力量，金屬也不易變形。但在必要時，可設法使其延展、彎曲或成為薄片。以黃金為例，它可延展成百萬分之一公釐厚的金箔。據說，1克的黃金可延伸2公里長。

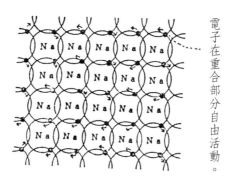

電子在重合部分自由活動。

● 金屬結合就是這種狀態

　　產生這種現象的原因是金屬的原子在上下左右有規則地排列。即使外力使金屬層崩潰，排列的關係也不會改變。

　　將具有共同性質的金屬元素仔細分類，便可以看到固有的特徵。

　　像Li（鋰）、Na（鈉）、K（鉀）、Rb（銣）、Cs（銫）、Fr（鍅）等，在元素週期表上屬於同一族金屬，稱為鹼金屬。這些金屬大都很輕，質地柔軟，而且熔點極低。這是因為最外側的電子只有一個，導致空隙多的緣故。可輕鬆活動的電子容易變成一價的陽離子，且化合物易在水中溶化。尤其是氫氧化物或碳酸鹽的水溶液，由於呈鹼性的，因此成為「鹼金屬」名稱的由來。

　　鹼金屬溶化於海水中的量非常多，鈉離子和氯（Cl）離子結合，會產生氯化鈉（NaCl）。氯化鈉就是所謂的「食鹽」的主要成分。海水之所以有鹹味就是因為有鈉離子。

　　2族的Be（鈹）和Mg（鎂）以外的Ca（鈣）、Sr（鍶）、

Ba（鋇）、Ra（鐳）等，稱為鹼土類金屬，這些金屬都容易變成二價的陽離子，其水溶液呈現強鹼性。

此外，這種金屬具有焰色反應的特徵。將白金線泡在含有這種金屬離子的液體中，用火燒烤，便會呈現出鮮豔的顏色。Sr（鍶）呈紅色，Ba（鋇）呈綠色，Ca（鈣）呈橙色。元素的不同，呈現的顏色也不同。

除了鹼土類金屬以外，鹼金屬和銅（Cu）也會產生焰色反應。焰火利用的就是這種反應。在焰火中，發出黃色光亮的是Na（鈉），發出紫色光亮的則是K（鉀）。

金屬類元素，除以上介紹的以外，還有被稱為過渡元素的元素。在元素週期表上，由3B族到7B族、8族、1B族、2B族，都屬於過渡元素，由此可知，金屬的種類非常多。

戰鬥機機體，大都使用Ti（鈦）；隨著結合方式的不同，會變成各種顏色的是Cr（鉻）；在海底資源中，最受矚目的是Mn（錳）；成為血液中血紅素成分的是Fe（鐵）；可製成藍色顏料的是Co（鈷）；最善於導電和傳熱的是Ag（銀）；會呈現出超傳導性的是Nb（鈮）；被認為是貴金屬之冠的是金（Au）和鉑（Pt）……以上這些都是屬於過渡元素的金屬。

此外，像可製成鋁罐、窗框、鋁箔的Al（鋁），或可當做合金而廣泛應用的Sn（錫）等，也都是金屬。

正如元素週期表上所表示的一般，愈往左下方，金屬性愈強，愈往右上方，非金屬性愈強。金屬元素的種類很多，其顏色也是五顏六色的。

鹽與惰性氣體

海是人的故鄉，它供應人們生活中不可或缺的鹽。鹵（halogen）這個字是由「製造鹽」的希臘語所產生的，其位置是在週期表7族的直列上。在此，有F（氟）、Cl（氯）、Br（溴）、I（碘）和At（砈）五種。不僅是氯，碘也可以由海藻中獲得，因此，鹵和海關係密切。

每個元素的名稱都有其由來。溴正如其名，氣味非常臭，且毒性極強。但在某些方面，它是很有用的。它和銀的化合物是溴化銀，照相時所用的軟片，就是呈微粒子狀平鋪的溴化銀。如果按快門使它曝光，溴化銀便會分解，而和其他的藥劑起反應，產生照片。一般情況下，鹵化銀具有感光性，在工業上有多種用途。

碘的毒性非常強。進行核子實驗時，碘會擴散開來，如果大量進入人體，就會傷害甲狀腺而破壞其機能。所謂的核子掩蓋物便是以避免人們吸入碘為主要目的。

氯和氟，毒性也非常強，令人不願意多接觸鹵族。

元素週期表最右端的是惰性氣體（稀有氣體）。正如其名，惰性氣體是「不容易起反應」的氣體。但是，有時候會將氮歸入惰性氣體中。惰性氣體一般是指He（氦）、Ne（氖），到Xe（氙）和Rn（氡）為止。

氦和氖大量存在於宇宙中。由於分子很輕，無法維持在地球上，只有少量存在於大氣中。氖在真空中經過放電，會產生紅色的光譜而發出光亮。晚上在鬧區所看到的霓虹燈，就是利用氖製成的。

空氣中含量較為豐富的惰性氣體是氬，其體積占0.93%。

氙以前用於燈泡中，現在用於日光燈的燈管上。

氟有「隱藏的東西」的意思。它具有很強的能力，可從其他原子中奪走電子，是一種極有力的元素。

氙只有少量存在於地上，殞石內的含量也不多。在宇宙空間中是極少量的物質。鋇或銫等的原子核，在碰到宇宙線粒子時便會產生，因此等於是核子反應的頭目。

氡在惰性氣體中是最重的氣體，是由鐳衰變產生的，具有放射性。地震前，地下岩石若被破壞，將會增加地下水中的氡。因此，氡可用於地震預報。

從元素看宇宙地球

一提起元素，我們難免會想：宇宙、地球和人體究竟由哪種元素構成？哪種元素最多？

宇宙的大小目前仍難以確定，只能以推測的方法來研究其構成。即以化學的方法分析殞石，或用輝線光譜調查元素。

雖然如此，人類也只能瞭解極接近地球的部分。經過研究，人們知道，在宇宙中，氫和氦的比例在地球上所占比例大。

有一位學者仔細地調查了地球的元素組成。他就是美國的克拉克。他算出地表下16公里的地殼中元素的百分比。然後將百分比多的元素依序排列，形成所謂的克拉克數。百分比最大的氧，克拉克數是1，矽為2……看了下頁的圖表，便知在克拉克數中，名列前五名的元素占全體元素總量的九成以上。

不過，克拉克數的產生來自於對地球的部分調查，如果針對整個地球加以調查，可能會產生若干差異。

此外，元素和其他元素結合成化合物的情形，比元素單獨

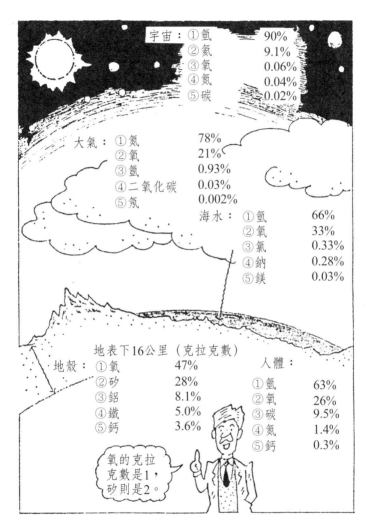

宇宙：①氫　90%
　　　②氦　9.1%
　　　③氧　0.06%
　　　④氖　0.04%
　　　⑤碳　0.02%

大氣：①氮　78%
　　　②氧　21%
　　　③氬　0.93%
　　　④二氧化碳　0.03%
　　　⑤氖　0.002%

海水：①氫　66%
　　　②氧　33%
　　　③氯　0.33%
　　　④鈉　0.28%
　　　⑤鎂　0.03%

地表下16公里（克拉克數）

地殼：①氧　47%
　　　②矽　28%
　　　③鋁　8.1%
　　　④鐵　5.0%
　　　⑤鈣　3.6%

人體：
　　　①氫　63%
　　　②氧　26%
　　　③碳　9.5%
　　　④氮　1.4%
　　　⑤鈣　0.3%

氧的克拉
克數是1，
矽則是2。

注：克拉克值是化學元素在地殼中平均
　　含量的百分比，即地殼中元素的豐度。

存在（稱為單體）的情形多。如：氧大都以二氧化矽（SiO_2）的形態存在。

將地球的大氣、海水和人體的組成，列在一張圖表上比較，你會發現，人體和海水多麼相似，宇宙和地球的大氣又有多麼不同。

⬡是化學的代名詞

⬡這個符號，有人稱它為「龜甲」。事實上，它已成為化學的代名詞，其正確名稱為苯環。

苯環如右下圖，由碳和氫構成。其具有代表性的有：苯（C_6H_6）、甲苯（C_7H_8）、二甲苯（C_8H_{10}）和萘（$C_{10}H_8$）等，這種物質稱為芳香烴（有香味，只由碳和氫構成）。而且，通常用苯的形態，以⬡表示。最近人們大都加以簡化，用⬡代表。將一個或兩個以上的苯環合起來的化合物，就是芳香族化合物。

當苯環化合時，外側的氫（H）會和其他物質換位，隨著此位置物質的不同，可製造出性質各異的各種芳香族化合物。例如：讓甲苯、濃硝酸和濃硫酸起反應，就會產生三硝基甲苯（TNT炸藥）。在工業方面，芳香族化合物的應用範圍非常廣泛。

可是，雖然苯是C_6H_6，為何會

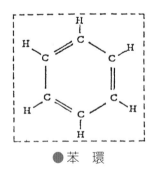

●苯　環

知道其構造是像上面的圖所表示的那樣？

元素都有稱為結合鍵（原子價）的「手」。即作化學結合時，可相互結合「手腳」的意思。元素不同，「手」的數目也不同。氫是1隻，碳是4隻，氧是2

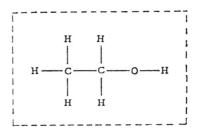

●乙醇的結構式就是這樣

隻……，均有一定的數目。例如：乙醇（C_2H_5OH）便會像右上圖所表示的一般。這也算是一種「化學的頭腦體操」。

一般而言，乙醇的分子式應該為C_2H_5OH，幾乎沒有人將它寫成C_2H_6O。看了此構造圖，你就應該瞭解其原因了。前面介紹過甲苯的分子式是C_7H_8。但事實上，寫成$C_6H_5CH_3$的情形較多，這也是因為顧及構造圖的緣故。在此之前，相信許多人都有「分子式為何有各種寫法」的疑問。

能夠想出苯（C_6H_6）的構造是不容易的事。苯有6個碳（C），僅僅是碳的「結合手」就有24隻（6×4），但氫（H）的「結合手」只有6隻（6×1）。因此，要想出「24隻碳的『手』和6隻氫的『手』結合在一起的構造」確實不易。

19世紀時，德國化學家克庫勒勇敢地向此難題挑戰。

他每天都用心思考，卻始終想不出苯的構造圖。某天晚上，他做了一個夢，夢見六隻猴子像上頁苯環的圖一般形成一個圓圈且不停地轉動。由於碳有四隻「結合手」，因此，只要將猴子當做碳，將其四肢當做「結合手」，便可完全瞭解苯的構造。碳和碳彼此要在三處，並且要間隔開來作雙重結合。

有些人說，在克庫勒夢中所出現的不是猴子而是蛇。甚至

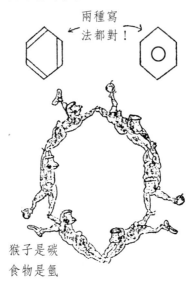

克庫勒式苯環

兩種寫法都對！

猴子是碳
食物是氫

● 克庫勒在夢中獲得了有關苯的啟示

也有人說：「這只是後世的人們編造出來的故事。」凡是偉大的發現，必定有若干插曲。克庫勒也是如此。他曾說：「向夢學習，便可尋求到真理。」

　　我們在睡覺時也應儘量熟睡，以便獲得對新知識的啟示。

有機化學與無機化學的差異

　　有機化學和無機化學之間究竟有何差異？如果你解釋說：「有機化學是有機化合物的化學，而無機化學則是……」如此一來，會使聽者更加不明白了。而且，「有機」與「無機」的

說法，也容易讓人覺得枯燥乏味。

其實，這問題不必想得太複雜。無機化合物是在地球誕生時已存在的物質，而有機化合物則是幾乎和地球上的生物同時出現的物質。

也就是說，有機化合物和無機化合物的區別，在於「和生命有無密切的關係」。和生命「有」關的是有機化合物（在生物體內所製造的化合物），和生命「無」關的則是無機化合物。碳水化合物（砂糖、澱粉等）、酒精和蛋白質等是有機化合物。含在岩石或黏土中的矽、氧化鎂、食鹽、水、水晶、鑽石和塑膠等都是無機化合物。這樣說，你應該明白了吧。

下表將有機化合物和無機化合物作了比較，對此，你會發現，有機化合物比無機化合物多得多。

 有機化合物與無機化合物的比較

	有機化合物	無機化合物
化合物的種類	超過一百萬種	數萬種
成分元素	以碳、氫、氧為主，多種	幾乎以所有的元素為對象
化學鍵	共價鍵多	離子鍵多
熔點	低	由低到高，有各種熔點。
易溶度	不易溶於水中，但溶於有機溶劑中	不易溶於有機溶劑中，但易溶於水中
易燃度	大都可燃燒	大都不會燃燒
反應速度	慢	快
化學安定性	不安定，易分解	安定

　　此外，有機化合物都含有碳元素。無論哪種有機化合物，以火烘烤，都會產生碳。而且，燃燒起來會產生二氧化碳。因此，有機化合物又稱為碳化合物。（但在碳化合物中，一氧化碳、二氧化碳、碳酸鹽、氰酸、氰化鉀、二硫化碳等，大抵算是無機化合物。）

　　19世紀初期以前，人們認為，有機化合物必須由生物不可思議的能力──生命力來創造。也就是說，有機化合物不可能由人工製造，只有「神」才辦得到。因此化學家們都致力於無機化合物的研究。

　　到了1828年，德國的維拉將稱為氰酸銨NH_4OCN的無機化合物當做原料，以人工的方法成功地製造了含在尿中的有機化合物──尿素$CO(NH_2)_2$。

　　以人工方式合成有機化合物，這在科學史上是一項創舉。

　　後來，在19世紀末期，合成了包括靛、藍等許多染料。到了20世紀，便製造出藥品、合成橡膠、合成纖維和塑膠等。直到現在，以元素或簡單化合物就可製造出複雜的有機化合物的「有機合成化學」在不斷地進步。

　　然而，有機化學與無機化學之間的界線，目前正逐漸消失。

　　原因是，不久前──差不多在25年前，有機合成化學的研究者，只利用到元素週期表上前三行的元素而已。但現在，研究者已開始注重以往未曾關心的新元素，因而帶動無機化學的進步，使它能無限制地發展下去。

　　例如：尼龍和聚酯等有機系合成高分子，由於其加工性和經濟性優良，因此逐漸取代木材及金屬，開始廣泛地被利用。但有機系缺乏耐熱性，而且在資源和廢棄物方面也有問題。所以，最近反而開始使用無機系高分子（無機系聚合物）。

此外，在有機化學方面也有了新的發展。除了生命科學和基因科學已有所發展外，人們也開始瞭解和生命有關的蛋白質、氨基酸、DNA等，對有機化學的理解進一步加深。

煉金術使化學變成「科學」

將石頭、鉛和鐵等混合在一起，再加上特別的物質，便會產生金或銀——當然，這是不可能的事。但古人卻在1500年的長久時間內，使用各種物質，致力於這種煉金術的研究。

煉金術的歷史很長。西元前300年，在希臘時代末期，亞歷山大港開始出現此熱潮。當時，大部分人認為，金或銀是由埋在土中深處的石塊或鐵等物質經過數千年時間演化而成的。

因此，人們想：在石頭或鐵上面加特別的成長促進劑，不必等數千年便可得到金、銀。

當時，金屬也被認為是有生命的。所以，被視為治療金屬疾病的煉金術，就格外受到重視。

例如：銅是未成熟的金，而錫則是患了麻風病的銀。可治療這一類疾病的秘方是「聖賢石」或「哲學家之石」。因此，這兩樣東西也特別受到重視。

此外，人們也認為這種秘方可對人體產生奇蹟。因此，它被認為是可使人長生不老的靈藥。

在亞歷山大港的這種魔術性信仰，隨著希臘和羅馬的滅亡，而遷移到阿拉伯去，並在此體系化。後來在12世紀中期引入歐洲，很快便在民間普及開來。

甚至連神學家阿奎奈和哲學家培根這些知識份子也十分關心煉金術。據說，他們還曾親自去參觀實驗。

當然，喜歡寶物的國王也不願沈默。他們徵召煉金術士，要他們每天不斷地進行製造黃金的實驗。

14世紀初期，自稱為西班牙貴族、同時也是聖芳濟修會修道士的拉蒙‧魯路，前去訪問英國國王愛德華三世。當時，魯路擁有「一副如豆粒般大的貴重藥品」，亦即哲學家之石，他認為利用這種石頭，可由水銀製造出純金，因而逐漸打響其知名度。

愛德華三世讓魯路住在倫敦塔內，要他做煉金術的實驗。據說，魯路曾用鐵、水銀和鉛製造出七千二百萬盎斯的黃金。但當愛德華三世和法國作戰時，魯路卻逃亡了。傳說，在魯路製造黃金之處的地板上，留有許多金粉。

以上所介紹的是有關煉金術的傳說。但在其他方面，由於人們熱衷於研究煉金術，因而也發現了許多化學藥品和物質的化學性質。

12世紀時，人們發現了酒精的製造法。13世紀時，又發現硫酸和硝酸的製造法。

此種種發現，對加熱、溶解、過濾和蒸餾等化學技術的進步，也有極大貢獻。

現在，做化學實驗時常用的燒杯、燒瓶、試管和玻璃棒等，都是煉金術的產物。

雖然煉金術無法製造金，卻創造了稱為近代化學的大智慧。

鑽石的價值永不改變

鑽石是最貴重的寶石。雖然有段時期，人們曾流行戴紅寶石戒指，但鑽石的價值卻從未改變。

那麼，鑽石的成分究竟是什麼呢？

簡而言之，鑽石和鉛筆芯一樣，是碳原子結晶化的物質。

碳原子的外側有4個價電子，這種價電子有個別的能和其他的一個碳原子形成電子對。

這樣一來，1個碳原子便會和其他的4個碳原子結合，而被結合的碳原子，也會和其他的4個碳原子結合。

如此不斷地結合，碳原子就會形成正四面體，最後終於變成結晶，這種東西就是鑽石。

鑽石之所以被認為是最硬的礦物，主要是因為原子與原子的結合非常牢固。

鑽石完全不導電，但特別會傳熱。而且，原子和原子連結的力量好像有彈簧的作用存在一般。

因此，對鑽石加熱時，彈簧會產生振動，且這種振動會逐漸波及隔壁的彈簧。鑽石善於「傳熱」原因就在於此。

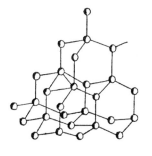

● 鑽石的碳原子結構
（參考圖）

二、原子

這裡有五支試管，都裝著無色的液體。

表面上看並沒有什麼差異，說不定裡面裝的都是水。

但是千萬不要去舐它，說不定它有毒。

將第一支試管的液體倒在銅板上，把火柴的火靠近它，沒有什麼變化。

第二支呢？看！燒起來了。

第三支呢？跟第二支相反，火柴的火熄滅了。

第四支，當銅板一碰到液體馬上就變了顏色。

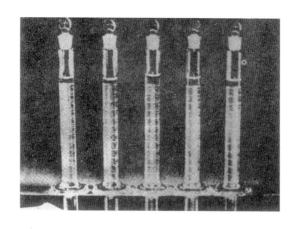

第五支，最好不要把它倒出來，它有很強的放射能力。蓋氏計數器一直在響呢！

表面上看起來，這五種液體並沒有什麼區別，但是為什麼遇到銅板卻會有這樣不同的反應呢？

古代、中世紀的元素

只要弄清楚元素是什麼，這個疑問就得到了一半的答案。事實上，那五種液體都是很簡單的化合物，僅由三、四種元素構成。

那五種液體比起木頭或石頭的化學成分要簡單得多。木頭和石頭是人類最早使用的材料。人類把它們做成適合需要的形狀在日常生活中使用。

經過了漫長的石器時代，開始了青銅器時代。人類開始使用木頭或石頭以外的物質元素製造武器及器皿，甚至連安全別針也造了出來。

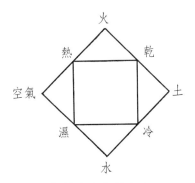

●煉金士的元素表

　　青銅器時代之後是鐵器時代。這時，人類學會了從礦石中提煉金屬，製造種種東西，如鐵的鋤頭、槍鋒、斧頭等等，而且手工也很不錯。

　　由《聖經》記載中得知，聖經時代的人類已在利用金、銀、銅、錫、碳、鉛、硫磺及水銀（汞）。只是那時還不知道它們是元素。

　　中世紀以後，煉金術十分盛行。這些煉金士根據過去所蒐集的片斷的、原始的化學知識，逐漸建立起一些系統的方法。

　　這些優秀的煉金士，雖然用的方法很簡單，且多來自幻想，但仍然可稱作當時的化學家。他們做了無數的實驗，想弄清楚構成物質的基本要素是什麼。

　　他們得到的結論是，構成物質的基本要素是火、土、空氣和水四種。他們把這四種東西稱為元素。這四種東西構成了他們的元素表。例如：木頭燃燒時會產生熱，留下些灰。他們就認為木頭（乾）是由土（灰）和火構成的。

元素週期表是什麼

　　我們知道，宇宙中所有的物質都由元素構成。大家也知道元素是什麼。但是我們的「元素週期表」跟煉金士的「元素表」已完全不同了。

　　「元素週期表」雖然只是一張表，裡面卻藏著超出想像的大量情報。煉金士們花費了一生的時光也無法探得到的秘密，大部分都藏在這張表裡面。現在，任何人只要懂得了元素週期表的意義，就能夠不斷的將那些秘密加以利用。

　　煉金士的元素表上只有四種「元素」，而我們的元素週期表上則有一百多種元素整齊地排列著，一看就知道那些元素之

H																	He
Li	Be											B	C	N	O	F	Ne
Na	Mg											Al	Si	P	S	Cl	Ar
K	Ca	Sc	Ti	V	Cr	Mn	Fe	Co	Ni	Cu	Zn	Ga	Ge	As	Se	Br	Kr
Rb	Sr	Y	Zr	Nb	Mo	To	Ru	Rh	Pd	Ag	Cd	In	Sn	Sb	Te	I	Xe
Cs	Ba	La·Lu	Hf	Ta	W	Re	Os	Ir	Pt	Au	Hg	Ti	Pb	Bi	Po	At	Rn
Fr	Ra	Ac·Lr	(104)	(103)	(106)	(107)	(108)	(100)	(110)	(111)	(112)	(113)	(114)	(115)	(116)	(117)	(118)

鑭系	La	Ce	Pr	Nd	Pm	Sm	Eu	Gd	Tb	Dy	Ho	Er	Tm	Yb	Lu
錒系	Ac	Th	Pa	U	Np	Pu	Am	Cm	Bk	Cf	Es	Fm	Md	IO2	Lv

間的關係。

　　利用元素週期表也可以說明火、土、空氣和水的本質：火是某些元素跟氧氣結合時所放出去的光和熱；土是幾十種元素混合在一起的複雜東西；空氣是最起碼包含八種元素再加上化合物——二氧化碳的混合物；水則是兩種元素——氧和氫的化合物。

　　平常，我們所用的元素週期表都依各元素的原子序數排列著。為了方便，各元素都用符號標記。

　　這裡舉前面八種元素為例：H（氫）、He（氦）、Li（鋰）、Be（鈹）、B（硼）、C（碳）、N（氮）、O（氧），這些元素的符號都取自它們歐文名字的頭一個或是頭兩個字母。有些很早就已經知道的元素，仍用現在已不再用的古名的頭一、兩個字母。例如：水銀的符號Hg是希臘文Hydragyrum的簡略，銀的符號Ag是拉丁文Argentum的簡略。

　　所有元素的名字和化學符號的起源都收錄在本書後面。

　　元素週期表上，各元素符號左上角的數字是各元素的原子序數。

　　例如碳的原子序數是6，它表示碳原子核裡有6個質子，表示碳原子有6個電子，同時也暗示了碳原子跟其他元素如何結合及不跟什麼元素結合。

　　化學符號下面的數字表示碳原子的平均重量，叫做原子量。所有元素的原子量都以碳的同位素，數量最多的碳12為12而計算的。1960年以前是以氧原子的平均重量16為基準計算原子量，從1960年後改以碳12做計算基準。

　　由原子序數和原子量就可以知道該元素的原子核構造。來看碳吧，它的原子序數是6，表示原子核內有6個質子，它的原子量是12，因為原子量的重量主要來自於質子和中子，因此得知碳原子有6個中子，原子核由質子和中子構成，加上核外的電子就成為一個原子。

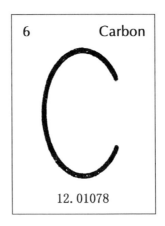

元素是什麼

　　元素是由同一種原子所構成的物質。譬如說，鉍的金屬塊裡面只有鉍原子。把那塊金屬鋸成兩塊，用鐵鎚把它打碎，或用銼刀把它弄成像塵埃的粉末狀，不管怎麼弄，它還是鉍。假如把它加熱，它會成為黏黏的液體。把溫度再提高，它會沸騰，成為氣體而蒸發。可是，鉍還是鉍，不可能把它變成其他元素的。

　　大部分的原子會跟其他原子結合而成為分子。

　　有些元素的原子會跟同種元素的原子結合，如兩個氧原子結合成為一個氧分子。還有些元素的原子跟其他種類元素的一個或更多個原子結合成為一個分子。不過這種分子不再叫做元素，而是稱為化合物。

●鉍的塊狀

　　化合物有一個特殊的性質，就是當某種元素跟其他種類的元素結合後，大都會失去原來元素的特徵，也就是看不出這些化合物裡面含有些什麼元素了。例如：氫是非常容易燃燒的氣體，跟氧結合就變成水。氫氣跟水的性質有多大的差別，不用說也知道吧？再如氯和鈉，白色軟軟的鈉和氯本來都是有毒的，可兩者結合後卻成為我們日常用的食鹽！

糖分子的構造

　　糖跟鹽一樣是我們所熟悉的化合物。但是糖分子比較容易被破壞。只要把糖放在蒸餾瓶裡稍微加熱，你看，糖的分子便開始分解了。瓶底黑黑的物質表明糖分子裡面有碳。構成糖的其他原子重新結合再蒸發，在瓶壁上凝結成無色液體流進另一個瓶子裡面，那就是水。把這些水裝入電氣分解裝置內通電，那麼水的分子就會被分解成氧氣和氫氣，然後各自飛散。

　　由此可知，糖是由碳、氧和氫三種元素構成的。一個糖分子裡面有12個碳原子，22個氫原子和11個氧原子，所以糖的化學式是$C_{12}H_{22}O_{11}$。

● 把糖加熱的Seaborg

● 糖分子的模型

　　放進蒸餾瓶加熱的糖分子約有數百萬兆之多。不過我們可以靠想像力去想像一個一個的分子究竟起了什麼變化？想像之前，做個模型是最好的辦法了。

　　模型的黑色珠表示碳原子、白色珠表示氫原子、灰色珠表示氧原子。珠與珠之間的連接表示化學鍵，就是結合各原子的手臂。

　　當然，這個模型並不代表糖分子的真正形態。也不是說，糖分子就是這樣。它只是為了表示出原子在分子裡面的排列形式。

　　把糖加熱，分子會分解。12個碳原子會沈入瓶底，11個水分子會變成水蒸氣飛走。把這個現象寫成化學方程式就是：$C_{12}H_{22}O_{11} \longrightarrow 12C+11H_2O$。換句話說，就是一個糖分子變成了12個碳原子和11個水分子，再把水分子破壞，就成為22個氫原子和11個氧原子。

　　所以每一個糖分子分解時會成為12個碳原子，11個氫分子（H_2）和5.5氧分子（O_2）。把這個反應寫成化學方程式時，為了使所有的數字成為整數起見，將那些數字加倍，寫成$22H_2O$（水分子）$\longrightarrow 22H_2+11O_2$。

　　下面讓我們再來做一個實驗吧。這次把叫做氧化汞的紅色粉末加熱。由氧化汞這個名字知道這個化合物是由什麼元素所構成的——氧和汞（水銀）。

● 氧化汞的加熱分解

　　把氧化汞放進蒸餾瓶加熱會變色，然後在瓶內沸騰，開始蒸發。

　　蒸發的氣體會從瓶頸飛出，然後隨著溫度的降低而成為汞，凝結成一滴一滴掉落在燒杯裡面。

　　氧氣則會從蒸餾瓶口飛出去。它是無色的氣體，看不見。可是假如把竹筷的尖端用火燒著，把火焰弄熄之後再把它靠近瓶口，它會再度燃起來。這樣就可以證明瓶口有氧氣冒出來。

　　如此，我們知道，那些紅色粉末是由此發亮的液態金屬汞和能使快要熄滅的炭火再度燃起來的氧氣所構成。

　　氧化汞的分子比糖分子簡單得多，只由兩個原子構成。一個是汞（符號Hg）原子，另一個是氧原子，所以氧化汞的化學式是HgO。

　　如將氧化汞HgO的分子畫成圖，可能會像下頁圖那樣：白圈代表氧原子、黑圈代表汞原子。把實驗過程畫成圖也就像

下圖那樣，氧化汞的分子起先被熱得飛來飛去，在燒瓶壁上亂撞，終於它被破壞分解成汞原子和氧分子了，變成一個單獨的汞原子從瓶口跑出去，然後隨著溫度的下降凝結成液滴掉入燒杯，而氧原子則兩個成對地變成氧分子從瓶口飛了出去。

　　將這些過程寫成化學方程式就是HgO$\longrightarrow$Hg＋O。

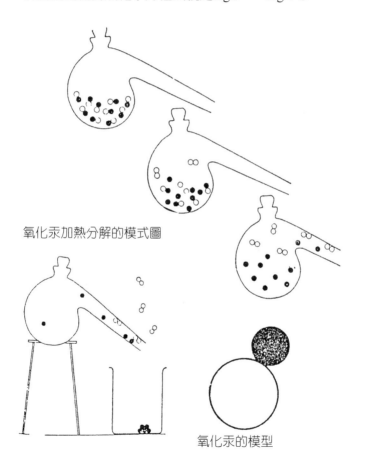

氧化汞加熱分解的模式圖

氧化汞的模型

其實兩個氧原子必然會結合成一個氧分子，所以應該寫成 O_2 才對。因此需要把氧化汞寫成兩個分子 $2HgO \longrightarrow 2Hg+O_2$。也就是，兩個氧化汞分子分解成為兩個汞原子和一個氧分子（兩個氧原子）。

所以氧化汞跟糖一樣也是化合物。換句話說，化合物就是由兩種以上的原子構成的同種類分子結合在一起的東西。

元素和化合物

現在再回頭來看一開始時談到的那五支試管吧。管內的五種無色液體也是簡單的化合物。只有第五支是兩種化合物的混合液。五種液體都是由氣體或液體和固體結合而成的。

它們的真面目是：

①水（氫和氧）

②丙酮（氫、氧、碳）——會燃燒

③四氯化碳（氯、碳）——會使火種熄滅

④硝酸（氫、氧、氮）——會跟銅板起化學反應

⑤鈷60的溶液（水，具有放射性鈷的硝酸氯）——會使蓋氏計數器出聲

構成上面五種液體的元素只有五種。其中兩種元素——氫和碳可以造成幾千幾萬種化合物，如烷烴、石油、塑膠都是。這種只有氫和碳的化合物通稱為碳氫化合物。每一種分子中碳和氫的數量以及它們相連接的狀態，即造成了各種碳氫化合物間的差異。

由各種碳氫化合物的化學式就可知道該分子中碳和氫的數量。例如：

CH_4　　甲烷（沼氣）

C_2H_2　乙炔

C_2H_4　乙烯

$C_{10}H_{18}$　十氫化萘

原子的重量

　　任何碳氫化合物或其他化合物都要有幾千兆個分子集在一起才能用肉眼看到，才可以稱其重量。因為碳原子的直徑只有一億分之幾公分而已。原子裡面的原子核還要小得多，直徑只有原子的萬分之一以下。

　　假定將一個碳原子擴大成足球場那麼大，電子便似觀眾座位上飛來飛去的蒼蠅，而原子核等於放在球場中央的足球。原子核的重量比那些蒼蠅全部加起來的重量重好幾千倍。所以宇宙中所有物質的重量99.9%都集中在原子核，原子內部大部分是空空洞洞的空間。

　　用氣體來討論原子的重量似乎比較容易瞭解，因為簡單的氣體或蒸氣的體積相同時，所包含的分子數量也相同。

　　將同為一公升容量的瓶子倒置於天平兩邊的盤上，那麼兩邊的瓶子裡面都有一公升的空氣，天平會平衡。

　　如果從一個瓶子的下面慢慢放入氫氣，由於氫氣比空氣輕，所以會把空氣趕出去而自己充滿瓶子。這樣一來，天平就不再平衡了，氫氣這邊會上浮而空氣那邊會下沈。這表示一公升的空氣比一公升的氫氣重。

　　將這個事實換算成一個一個的分子，需要很長的運算。雙方瓶子裡的分子究竟有多少呢？這是一個非常大的數字，原來一公升氣體的分子有26,870,000,000,000,000,000,000個。

　　假如要問原子的數目，還要把這些數字加倍。因為自由氣

體的氮、氧（空氣的主要成分）或氫都是由兩個原子結合才成
為一個分子的。

　　將各種相同體積的金屬拿來比較重量，也可以反映出每
一種原子的重量。譬如說將鎂、鐵、鉛、鈾切成同樣的體積，
把它們吊在同樣強度的彈簧上，它們下垂的高度卻不一樣，那
就是重的低、輕的高。由此知道它們的重量是不同的，換句話
說，它們原子的重量也有所不同。

　　以上只不過是暗示著原子大約的重量而已，並不能正確地

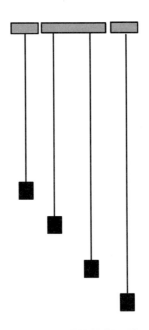

●由左至右，同體積的鎂、鐵、鉛、
鈾，把它們用同樣的彈簧吊在一起

表示重量的比率。測量固體的原子重量比氣體困難好幾倍，因為固體和氣體不同，同樣體積裡的原子數量並不一樣。在同樣體積裡面，原子和原子靠得很近，原子數量就多，原子排列得比較鬆，原子數目就少。固體的種類不一樣，同樣體積裡面的原子數量當然也不一樣。

各原子的實際重量——將碳12的原子重量定為12，用它做基準——就是原子量，也記在元素週期表上面。鈾的原子量大約是238、鉛207、鐵56、鎂24，氫只有1。等於說鈾的重量約是氫的238倍，約為氧的15倍。元素週期表上面有許多資料供我們參考，這項也是很重要的資料之一。

元素和原子核

元素週期表還說明原子構造時所需要的基本事實。

從頭一個元素——氫開始，氫的原子核內只有一個質子。質子也是所有原子核的基本粒子。

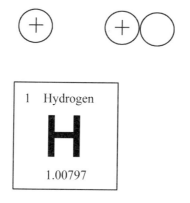

　　宇宙中所有的物體都由一百多種元素中的一種或者數種構成。所以可以說元素是物質這個建築所用的磚塊。元素是由完全一樣的基本粒子——質子、中子和電子所構成。

　　每一種元素性質不同的原因，乃在於它們裡面所包含的質子、中子和電子的數量不同。

　　質子帶有一單位的正電荷，同時也是氫原子的原子核，而擁有氫原子99.9%的重量。

　　因為氫的原子核（質子）擁有一單位的電荷，所以在元素週期表上，氫原子的原子序數是1。在圖上我們用⊕來代表它。

　　如果給原子核加上一個跟質子同樣重量而沒有電荷的粒子會怎樣呢？原子核的重量就會變成2，可是因為質子並沒有增加，所以電荷還是1。

　　重量跟質子相同而不帶電荷的粒子叫做中子。除了氫原子，所有元素的原子核裡都有它。

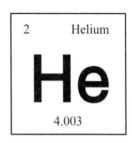

　　再加一個質子和中子就變成兩個質子和兩個中子，於是就成為電荷為2、重量為4的複合粒子。

　　一看元素週期表就知道它是氦的原子核，跟氦的原子序數2及質量數4一致。「質子數」是原子核中的質子和中子的合計重量，是表示元素的原子量的一個整數。

　　氦的原子核再加一個質子和一個中子，就成為鋰6元素的原子核，它有正電荷3，質量數為6。

　　鋰是銀白色的輕金屬。它的原子核還有另外一種形態，就是比鋰6多了一個中子，叫做鋰7。

　　天然的鋰中，鋰7占大多數，約占92%。鋰7的重量是7.02，質量數是7。

　　剩下的8%是鋰6。鋰的質量數乃是將鋰6和鋰7的重量分別乘以它們自然存量百分比的平均數6.941。

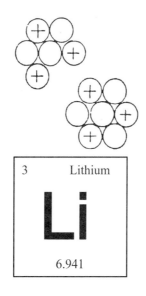

如此這般再增加質子和中子的話，可以按重量的順序造出許多種元素。

原子的構造

只有原子核不能叫做原子。要成為原子必須在原子核周圍加上電子——跟原子核中質子同數量的電子。

電子有一個單位的負電荷，它的重量雖然比質子小得多，它的負電荷跟質子的正電荷則完全同量。所以如果質子的數量跟電子的數量相同，正和負的電荷也剛好平衡而成為中性，等於沒有電荷。

就是這樣，氫原子由一個質子和在質子周圍旋轉的一個電子所構成。

在下圖上我們用負號代表電子。這樣表示其實並不怎麼正確，只不過是為了方便而已。假如質子是圖上那樣大小的話，電子則在以質子為中心畫成半徑一公里的圓上旋轉。

氦原子有兩個質子，所以為了電荷平衡需要兩個電子。

原子有非常特異的性質，就是說，一個軌道上（殼）限制一定數量的電子存在。

最靠近原子核的殼只限容納兩個電子，第三個電子無法進去，只好進入第二個殼。第二個殼可以容納八個電子。

所以鋰原子跟氦原子一樣，第一個殼裡只有兩個電子，而另一個電子孤單地在第二個殼上旋轉。

電子的軌道是三度空間的，不像地球在太陽周圍運動的那種平面軌道，而是在一個想像上的球面—「殼」—上旋轉。電子旋轉的軌道也沒有像圖上那樣清晰，事實上，是模糊而有幅度的。

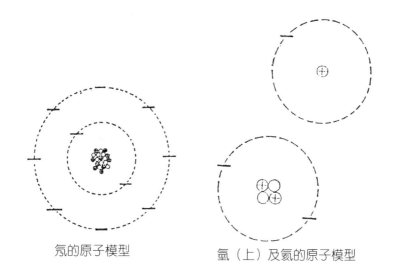

氖的原子模型　　　　　　　氫（上）及氦的原子模型

　　我們再來看鋰後面的元素吧。在第二個電子軌道（殼）中一個一個加上電子的話，會得到第十的氖，氖的原子核內有10個質子，在周圍有10個電子。

　　氖原子的第二個軌道已被8個電子占滿，當然第一個軌道也已經由兩個電子占滿著。如此氖跟氦一樣，電子軌道中毫無空位，也沒有多餘的電子。這種原子，如氦、氖可以稱為飽和的原子。

　　氖的後面是鈉，有11個質子和11個電子，這第十一個電子孤獨地在第三個軌道上旋轉。

　　只有一個電子單獨在最外面的軌道這一點，鈉跟鋰很相似，所以在週期表上被放在鋰的下面，同排在一列。

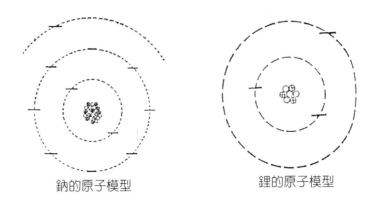

鈉的原子模型　　　　　　　　鋰的原子模型

為什麼要製作元素週期表，相信讀者已有了一點概念了吧？將元素按原子序數的順序排的話，某些特殊性質的元素會按一定的順序——就是週期性——反覆出現。元素的這種性質叫做「週期律」。

千萬要記住的一點是，原子核中每多一個質子，核外的殼中也需要多一個電子以保持原子本身的電荷中性。因此原子核中的質子數決定核外的電子數。電荷中性的原子，它們的質子和電子的數目一定要相等才行。

元素的化學性質和同位素

有兩個因素決定原子的化學性質，一是在原子核周圍軌道中旋轉的電子數量，另一是這些電子在有限的軌道中的排法。

「化學性質」就是：元素跟其他元素如何結合，及為何不能結合？

詳細一點說，某種元素會跟哪幾種元素結合？有多容易結合？結合後再把它分離有多困難（即穩定性）？

這種化學性質由原子中的電子數和排法決定。原子核中的質子和中子跟元素的化學性質完全沒有關係。

可是，假如原子核中的中子數有所變化，那種元素就會產生各種同位素。

同位素（Isotope），源自希臘語的「同」和「場所」。

一種元素的同位素在元素週期表上與該元素占據同樣的位置，因為它們的質子和電子數量都一樣。最好的例子是前面說過的天然鋰，它有兩個同位素，鋰6和鋰7。

同位素之間的差異在於：原子量（重量）不同和有沒有放射能。

假定在氫原子（一個質子和一個電子）的原子核內加一個中子，不需要在核外另加一個電子。因為中子的電性是中性，所以不需要另加電子使電性平衡。電子的數量不變的話，當然原子本身的化學性質也不會變。只是原子的重量改變而已。氫有三種同位素。普通氫的原子核只有一個質子。重氫多一個中子，所以它的重量大約是2。有放射性的超重氫，原子核裡有一個質子和兩個中子，重量大約是3。

天然鈾大部分是鈾238。它的原子核有92個質子和146個中子。另外有一種大家熟悉的同位素鈾235，它的原子核分裂會成為原子能量的供給來源。鈾235的質子也是92個，但中子比鈾238少了3個，只有143個。因此鈾235比鈾238輕了3個單位。

● 氫同位素的原子模型（依次為普通的氫、重氫、超重氫）

知道了同位素的存在之後，前面所說——元素是由同一種類的原子所構成的物質——這個定義就不太準確了。應該說，元素是由同原子序數——原子核中質子的數量相同——的原子所構成的物質才對。

原子核的構造屬三度空間（立體），並不像我們寫在紙上那種二度空間（平面）的。有些原子核是像籃球那樣的球形。但是比較重的原子核，如鈾的原子核，有一點像橄欖球那樣長長的。

原子到分子

我們怎樣才能證明原子真的存在呢？

看原子的方法

我們一直以為原子看得到，並很詳細地講解原子的形態及構造。其實，原子小得用光學顯微鏡都無法看到，即使電子顯微鏡也沒有辦法。就是說，到目前為止還沒有任何方法可以直接看到它的真面目。不過，我們可以用直接的方法觀察，直接證明電子的確存在。

像氫或氦的原子核那樣，帶有電的粒子在含有水蒸氣的潮濕氣體中飛過時，會像飛機在高空飛行時造成雲帶那樣生出霧一般的條紋。這種白色條紋不需要顯微鏡，用肉眼就看得到，也可以把它拍成照片。就是說可以把粒子的飛跡記錄下來。這種裝置叫做「威爾遜霧箱」。

另外，還有一個接近電子的方法，就是去看分子。分子是一種由化學力量將原子結合在一起的東西。分子之中有些很

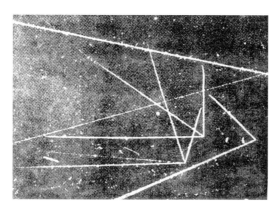

● 在威爾遜霧箱裡面顯現的原子核飛跡

大，雖然用光學顯微鏡還是看不見，但用電子顯微鏡卻可以拍成照片。

病菌（Virus）就是那些巨大分子中的一種，是目前所知道的分子中最大的單個分子。很不幸，最普遍的病菌是波里奧

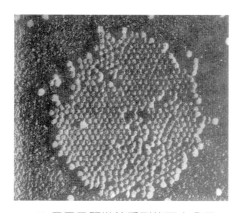

● 用電子顯微鏡看到的巨大分子
　　——流行性小兒麻痹症的病菌

（Polio），脊髓灰白質炎病菌，它是由數千個原子所構成的球形分子。可用電子顯微鏡清晰地看到它的形態。

賓州大學的Miillur博士終於在1957年將一粒一粒的原子拍成照片。這張照片是很細的鎢（tungsten）針的表面，可以看出原子構成結晶格子的情形。這是用Miillur博士發明的電場離子顯微鏡所拍的姿態。小點是一個個的原子。亮點是數個原子集合在一起。倍率（半徑的比）大約是100萬倍。

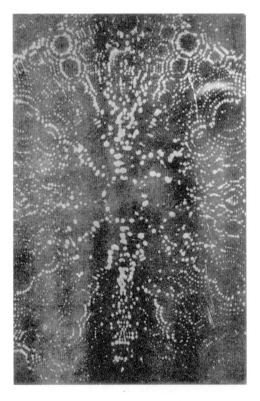

● 用離子顯微鏡看到的鎢針表面的原子排列

　　麻省理工大學的Barger博士也用X光記錄了黃鐵礦結晶中一粒一粒原子的位置。黃鐵礦是由鐵和硫磺構成的，叫做二硫化鐵的化合物。就是說它的每一個分子都有一個鐵原子和兩個硫磺原子。

●用X光記錄的黃鐵礦裡面的原子排列

●用磁鐵將鐵粉和硫磺分開

原子當然是個很小的東西，鐵原子的直徑大約只有一億分之一公分。

這張照片並沒有照出原子的形態，只給了我們結晶中各原子的位置而已。

混合物和化合物

鐵和硫磺的原子到底怎樣結合在一起構成分子呢？

將鐵粉和硫磺粉攪在一起。不管攪多久，仔細看，鐵粉還是鐵粉，硫磺粉還是硫磺粉。不但這樣，攪拌後，還可以把它們分成原來的鐵粉和硫磺粉。只要有一塊磁鐵就可以把裡面的鐵粉吸出來。

所以，把鐵粉和硫磺粉攪在一起的叫混合物。它們只是摻在一起，並未真正結合在一起。這種東西不過是一種混合物而已。

把那些混合物放進燒鍋加熱，鐵原子和硫磺原子就開始了化學結合。

混合、加熱的結果，雙方都會失去原來的元素性質而結合成為叫做硫化鐵的化合物。硫化鐵的性質跟鐵和硫磺的性質完全不同。

硫化鐵（FeS）的分子是由一個鐵原子和一個硫磺原子結合而成的。二硫化鐵（FeS_2）跟硫化鐵很相似。如果要做鎂的化合物則比硫化鐵更簡單。只要把鎂的顆粒熱一熱就行，所需要的氧原子由空氣自動供給。把鎂放在天平的一邊燒，燒過的鎂的重量不但不會減少反而會加重，從而使天平失去平衡。鎂燃燒的時候跟空氣中的氧原子結合成為叫做氧化鎂（MgO）的化合物。

因為鎂加上了氧原子的重量，所以氧化鎂的重量當然比原

來的鎂重。燃燒的結果產生的氧化鎂的性質也同樣跟氧和鎂的性質完全不同。

鐵和硫磺、鎂和氧的這種結合叫做「化學反應」。

Fe+S──→FeS（鐵跟硫磺結合成為硫化鐵）

$2Mg+O_2$──→2MgO（鎂和氧結合成為氧化鎂）

元素週期表的直排與橫排

我們已經看過化學家如何將兩種元素結合成為一種化合物，但是還不曉得為什麼會產生化學反應。

原子結合成為分子的方式有好多種。可是不管哪一種產生化學反應時，原子軌道中電子的配置一定會變換。其實，化學就是變換電子配置的一門學問！

元素週期表最上面的橫排只有兩種元素氫和氦。兩種都只有一個可容納電子的殼。

第二橫排有鋰到氖八種元素。它們都有兩層可以活動的殼。第一個殼只能容納2個電子，第二個殼可以容納8個電子。各元素都有固定的電子數在那些殼中旋轉。

前面談過，鋰在第二個殼中只有一個電子，鈹有兩個，以

| He |
| Ne |
| Ar |
| Kr |
| Xe |
| Rn |

下按順序每種增加一個電子，直到氖的8個電子，第二個殼就飽和了。

排在同一直排的元素都屬於同一個族，同族的元素最外面的殼裡面都有同數的電子，所以化學性質也非常相似。

元素週期表的其他五行也是一樣。各橫排的頭一個元素都開始擁有新的殼，而新殼裡面，也只有一個屬於那些元素的電子。

在元素週期表最左邊的直排，我們一眼就能看出那些元素（原子）最外面的殼中的電子數量都一樣。氫、鋰、鈉、鉀、銣、銫、鍅最外面的殼裡面都只有一個電子。

離子結合

除了氫以外，最左邊直排的元素叫做「鹼金屬」。各鹼金屬原子最外面的殼都只有一個在化學反應時可以給對方原子的電子。

鈉跟氯結成食鹽分子的時侯，就會產生上述那種反應。用二度空間（平面圖）表示鈉原子，鈉原子核裡有11個帶著正電荷的質子，周圍有跟它平衡的11個電子。11個電子被分配在第一個殼裡2個，第二個殼裡8個，剩下的1個在第三個也就是最外面的殼裡。

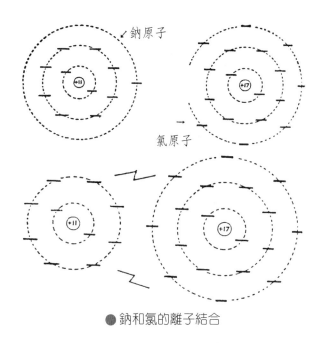

鈉原子

氯原子

● 鈉和氯的離子結合

　　氯原子有17個電子，第一個殼裡2個，第二個殼裡8個，第三個殼裡7個。鈉原子最外層多出一個電子，相反地，氯原子則不足一個電子。所以將雙方結合在一起，多餘和不足剛好抵消而成為完整的一對。

　　化學反應就是鈉原子中的那個多餘的電子跳進氯原子最外層的殼裡面，把那個空位填滿的現象。

　　結果，因為鈉原子失去了帶著負電荷的電子，所以本身成為帶著一單位正電荷的鈉原子。另一方面，氯原子因為得到一個電子，而成為帶著一單位負電荷的氯原子。現在雙方都帶著相反（正和負）電荷，因為強烈的互相吸引力，而結合成一個化合物。

　　說兩種「原子」帶著相反的電荷，不如說兩種「離子」帶著相反的電荷比較正確。為了失去或得到一個電子致使原子本身失去它的電子中性而帶著正或負的電荷時，我們把那些原子叫做離子。所以鈉和氯的那種結合叫做「離子結合」。

　　這種實驗很簡單。把氯（淡黃色）──會刺激鼻子的有毒氣體──裝滿玻璃瓶，再把一小片鈉──柔軟、亮銀色的有毒金屬放進去就行了。過了一會兒，氯和鈉就會自動地化合成為食鹽。

　　當然食鹽分子也好，其他分子也好，需要無數的分子在一起我們才看得到它。

　　食鹽是鈉和氯結合成分子，分子再結合成為結晶而生成。食鹽的結晶是立方體的。假如我們能夠看到那些過程該有多好。

　　普通食鹽結晶的形狀不完整，如果不是那麼容易破碎的話，它的結晶應該是立方體。照片的食鹽，複雜的結晶裡面有數不盡的原子，約有1025個鈉原子和同數的氯原子。把它寫成普通數字比較會加深印象，即10,000,000,000,000,000,000,000,000。

黑圓表示鈉原子
白圓表示氯原子

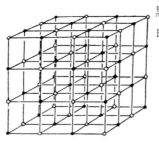

● 食鹽的結晶構造

● 食鹽的結晶

共價結合

　　原子結合成為分子的方法有好多種。食鹽的產生是其中的一種。除此以外，還有很重要的一種。

　　跟食鹽不同的例子是水的化合。

　　我們從兩個氫原子——各有一個電子——和一個氧原子開始吧。氧的原子核有8個質子，所以電子也是8個。其中2個在第一個殼裡面，所以最外面的殼裡面有6個電子，等於說最外面的殼還剩下兩個空位。這麼說，兩個氫原子的兩個電子好像可以剛好填滿那兩個空位了。可是這時氫原子不能無條件地把它的電子讓給氧原子，兩個氫原子分別和同一個氧原子共用電子，就是兩個氫原子分別從氧原子處各得一個電子而將氫唯一

的殼填滿。另一方面，氧原子也分別從兩個氫原子處各得一個電子以填滿氧原子最外面的殼（8個電子）而成為穩定的狀態。

　　原子以這種方式結合在一起構成的分子，叫做「共價結合」或「電子對結合」。很多種分子，如糖分子，都是以這種方式造成的。

　　以這種方式造成的分子內部有非常微小的電流不斷地變換方向。因此分子和分子之間仍會互相吸引，結合在一起成為我們看得到的水、糖及其他物質那麼大的分量。

　　假如沒有把分子結合在一起的那種電氣力量，分子會分散得七零八落而到處飄動，換句話說，所有的物質都會成為像空氣那樣的氣體。

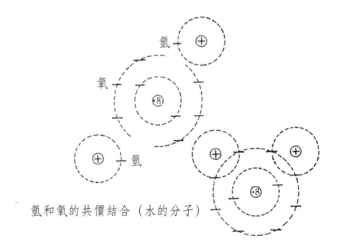

氫和氧的共價結合（水的分子）

最初的元素

　　元素是什麼時候，怎麼樣被發現的呢？

　　元素的利用從很古老的時代就開始了。人類頭一次發現火的時候，樹木燃燒所造成的炭灰散在森林中。人類最古老的藝術作品，洞穴壁上的那些，可能就是用那些炭畫的。

　　到了石器時代，把石頭磨製成槍鋒、斧頭、小刀等工具或武器。初期的印地安人更巧妙地利用自然的材料製造了許多形態複雜的東西。他們用土造的缽等，大部分由鋁、矽和氧的化合物構成。

　　雖然這樣，那時候卻沒有一個人知道元素是什麼，也不知道黏土或石頭裡面包含著許多種元素成分。

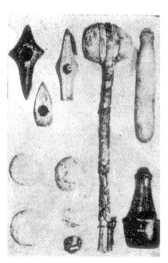

● 各種石器

　　隨著時代的變遷，人類開始支配環境，才學會從地裡掘出來的材料中抽出元素加以利用，以及變換元素的排列。

　　我們把可以抽出特定元素的「肥土」叫做礦石。

　　含鉛的礦石方鉛礦（即硫化鉛）是最普通的礦石。古代人在偶然的機會中學會了從中提煉鉛的方法。摻雜著木炭的鉛礦石被火一燒，純金屬鉛就會分離出來，一滴一滴掉落在地上。

　　遠古的人所知道的另一種礦石是朱砂，就是硫化汞。這種礦石只要加熱就會起化學反應，而得到純的水銀（汞）。

　　隨著好奇心的增強以及處理材料能力的進步，人類又發現了金屬銅。繼之，再發現了把銅及錫從礦石中抽出的方法。

　　對人類來說，將銅和錫混合造成青銅器是非常重要的一大進步，所以史前的那段時期叫做「青銅器時代」。

　　青銅器時代的人用青銅造成非常好的武器、器皿以及華麗的裝飾品，那個時代也正是冶金科學開始的時代。

　　鐵器時代在青銅器時代之後，大約自西元前一千年發現了鐵的冶煉法時開始。其實在更早的時代，鐵很可能已被發現過，而且被利用過。人們很可能把含著鐵礦石的赤紅石堆成爐灶起火之後，發現被分離出來的金屬就是鐵。

　　他們把鐵打成鐵槌、錐或梳子等等，當然也打造成武器。這期間誕生了種種文明，不久又消滅了。那些文明的盛衰和各國工匠冶金技術的發達程度有非常明顯的關係。

古代人所利用的元素

　　人類學會了從自然礦石中加熱抽出種種元素。加熱是一種原始、幼稚的方法。他們有時候也利用過炭。那也不過是在地上生火就可以做到的方法。這些我們都可以在實驗室輕易地證明它。例如將含鉛的礦石放在黑鉛板上加熱，就可以得到比較

純的金屬鉛。

　　當古代的人知道從礦石中抽出金屬，又發現直接以元素狀態露出來的金之後，立即就學會了用那些金屬造出種種形狀的東西。他們也學會把金屬打成薄薄的薄片。

　　所以古代人學會了利用許多種元素。但是他們並不知道這些是元素。

　　開始，他們以木炭的形態獲得了碳。繼之，又知道了硫磺及以元素狀態存在的金、銀、銅等金屬。也學會從各種礦石中抽出銅、水銀、鉛、錫的方法。

　　古代人主要的成就可能是用礦石造出金屬鐵。在冶金術初期，完成了冶煉鐵的部族才能擁有文明的中心地位。

　　到了西元初期，人類已經知道了9種元素，可以把它們分離出來利用。看一看那些元素在現代元素表上所占的位置，我們會發現當中幾種元素的化學性質非常相似。銅、銀、金的性質很接近，錫和鉛也一樣。

　　9種元素的化學符號是這樣的：

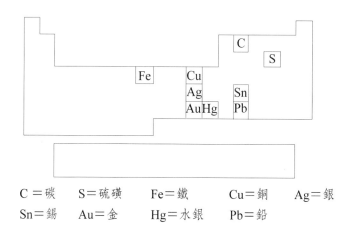

C＝碳　　　S＝硫磺　　　Fe＝鐵　　　Cu＝銅　　　Ag＝銀
Sn＝錫　　　Au＝金　　　Hg＝水銀　　　Pb＝鉛

煉金術到化學

在分離元素這方面，直到我們叫做「中世紀」的那個時期也沒有什麼進步或成就。但是中世紀時期煉金術卻出現了。

煉金士們的工作

煉金士們用蒸餾器、乳缽、乳擇等簡單的裝置工作。那些簡單的裝置，就是化學儀器的起源。

他們做過許多實驗，從探求長生不老的仙丹到那種神奇古怪的實驗，可以說是現代化學實驗的先驅，包羅萬象。他們都在尋找所謂「哲學家的石頭」。他們深信用那個東西可以把普通的金屬變成金。我們不知道那個似夢似幻的東西到底是什麼。可能不是單獨一種物質，更不可能是塊「石頭」，有些歷史學家猜測它可能是硫化汞，可是沒有人能夠證明它。

暫不管這些不切實際的事，煉金士們也確實做過許多重要的化學實驗。他們從種種礦石中抽出金屬，只是這些事並不是他們開始做的。最重要的是，他們造出了許多種酸類。那些酸類到了後世成為建立工業化學的基石。

煉金士們的實驗之一是把硫化鐵等物質加熱，使叫做「礬類之油」的液體揮發再蒐集。那些液體就是我們所說的硫酸。

煉金士們也會造氯酸及硝酸，碳酸鉀和碳酸鈉都是現代工業的重要原料。

雖然煉金士們的目的和方法大部分都是奇奇怪怪的，但是他們對理論及實驗卻有很濃厚的興趣，這一點值得讚揚。他們把實驗所得的知識蒐集起來，想像前面的圖式那樣把它們體系化。他們認為構成大自然的基礎物質是火、土、水和空氣，

想用這四種元素的互相關聯建立合乎邏輯的理論。從某些角度看，煉金士們那種屬於幻想的圖式也可以說是現代元素週期表的雛形。

在中世紀發現的元素

　　煉金士們的確有過值得稱讚的事績。他們發現了許多東西，尤其在12世紀到14世紀這一段時間，總共發現了3種重要的元素。

　　那3種元素是砷（As）、銻（Sb）和鉍（Bi），都屬於同一個族，在現代元素週期表上排在同一直行。

　　性質相似的3種元素相繼被發現的事實，表明煉金士們簡陋的化學實驗是以某些特殊的反應形式為中心相傳下來的。因此，化學性質相似的元素才能相繼被他們發現。

　　發現了這3種元素之後，五、六個世紀中沒有其他任何發現。──不過白金是例外，它於16世紀前半葉在墨西哥被分離

33　Arsenic
As
74.92
51　Stibium
Sb
121.76
83　Bismuth
Bi
208.98

出來。Platinnm（白金）是西班牙語的「小塊銀」。

那個時候，白金沒有用處。到了18世紀，有記錄可查的白金唯一的用途是鑄造金幣時加進去增加重量。到了19世紀，俄國鑄造了白金金幣。

到17世紀，一共發現了13種元素。不過，關於發現年代及發現者的名字沒有任何記錄。鋅就是一個例子。鋅在1600年末期或更早的時候就被發現了。

直到那時，科學才開始具有現代科學的氣息。人們研究自然、化學及元素。有了新的發現後，把它們記錄下來，並公開發表。

事實上，古代希臘人也曾為了知識而去追求知識。他們甚至想出了他們的原子理論。這個理論有些地方跟現在的原子理論相似。可惜古代希臘人只喜歡動動腦筋，而不願動手去做實驗，所以他們的理論只在書本上流傳下來，在實踐方面沒有任何成就。

磷、鈷、鎳

由一個人發現，而可以確定為那個人的功勞的元素，磷算是頭一個。磷的英文名字Phosphorum是從希臘文「帶光亮的東西」而來。

發現磷的是德國的商人Brarf。他也是一個煉金士，在尋求「哲學家的石頭」的實驗中，於1669年偶然發現磷。他是把小便蒸乾而得到磷的，但是他並未把這種制法公開。他發現的這種物質在黑暗的空氣中會發亮。他把磷當做玩具拿去嚇嚇他的朋友，同時可能也賺了一些錢。到後來，磷才被認為是元素的一種。

鈷是在1737年，鎳則在14年後的1751年被發現。從前鈷和鎳的礦石被誤認為是銅的礦石。不管怎樣提煉總是煉不出銅來。大家認為一定是有魔鬼附在那些礦石上，所以把它們叫做 Cobalf（惡鬼）、「Coontel Nichel（惡魔之銅）」。這些名字一直沿用到今天。

氣體的研究

接下來被發現的是氫氣。

把金屬浸在酸溶液中，尤其在氯酸溶液中，就可以輕易地得到氫。從溶液中浮出來的泡沫就是氫。很早以前已知道把金屬放進酸中會產生泡沫。可是沒有一個人看出那些泡沫中的氣體跟其他氣體有什麼不同。

頭一個研究那些氣體的是Cavendish。1766年，他寫下那些氣體的正確性質。後來發現那些氣體燃燒後會產生水，所以把它叫做「水的製造者，Hydrogenium（氫）」。

● 在密封的容器內點燃蠟燭，裡面的氧消耗掉之後蠟燭會熄滅

　　到了1770年，許多人開始研究空氣，想瞭解它到底是由什麼東西構成的。羅得福特（Daniel RutherPord）發現在某些定量的空氣中，東西燃燒或生物呼吸時，會消耗掉那些空氣的一部分。例如把蠟燭點燃插在裝著水的盤中，再用玻璃罩子把它蓋上，那麼玻璃罩裡的空氣就會減少，不久蠟燭就會熄滅。蠟燭的燃燒，使玻璃罩內的空氣消耗掉一部分，因此水面就稍微升高，一會兒蠟燭也不再燃燒。如果用老鼠代替蠟燭的話，老鼠消耗掉裡面一部分的空氣之後就會死掉。

　　羅得福特研究火熄滅或老鼠死掉後剩下的氣體，他發現剩下的氣體和普通的空氣不一樣。在那些剩下的氣體中，任何東西都不會燃燒，任何動物都無法生存。

　　因此，羅得福特被認為是氮的發現者。

　　那時侯，還有許多人如Cavendish、Priesfley、Scheele等，也正在從事同樣的研究。可是把氮正確地記錄下來的是羅得福特。

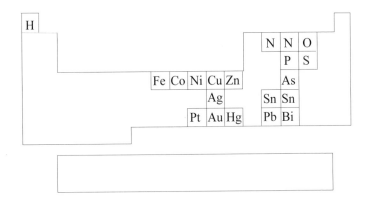

　　同在那個時期，有許多人正在研究空氣中的另一種成分「氧」。Priesfley把氧化汞的紅色粉末放進玻璃瓶，再用放大鏡集中太陽光去燒它。他發現用這種方法造出來的氣體中，東西很容易著火並燃燒。因此Priesfley成為氧的發現者。

　　瑞典化學家Scheele做同樣實驗的時間可能比他早一點，可惜他發表結果時為時已晚，被Priesfley搶先了一步。

　　法國有名的化學家拉瓦錫（Lavoisior）那時正在研究燃燒到底是什麼現象。他發現像鎂那種金屬燃燒時會跟氧結合，而且重量會增加。而增加的重量正是所捉到的氧的重量。這一發現對化學是個很重要的貢獻。

　　這樣，到1770年，人們所知道的元素大約已有20種了。

元素週期表

　　1770年之後的25年，發現了下面11種元素：

　　氯（Cl）、鈾（U）、錳（Mn）、鈦（Ti）、鉬（Mo）、釔（Y）、碲（Te）、鉻（Cr）、鎢（W）、鈹（Be）、鋯（Zr）。

　　同一時期，義大利物理學家伏特發明了電池。

　　19世紀初，英國的化學家Davy使用很大的電池研究今天叫做苛性鉀的化合物。當時大家都知道這個苛性鉀，只是不知道它是由什麼東西構成的。Davy把它加熱，熔化，再通電流，結果獲得了新的金屬元素。

　　今天，我們如把電池的正電極接在金屬壺上，裡面放苛性鉀，把它加熱熔化，再把負電極的白金線插進苛性鉀的熔化液中，那麼就會有少量的金屬鉀附著在白金線上。

發現了鉀的數天後，Davy再用苛性鈉做了同樣的實驗。因此，Davy成為鉀和鈉的發現者。

1800年到1869年這段時間，化學的進展加快了步伐。人們所知道的元素差不多增加了一倍。那個時期，全世界各國的科學家都投身於發現新元素的洪流中。

按被發現的順序把新元素列於下面：

釩（V）、鈮（Nb）、鉭（Ta）、鈰（Ce）、鈀（Pd）、銠（Rh）、銥（Ir）、鋨（Os）、鉀（K）、鈉（Na）、硼（B）、鎂（Mg）、鈣（Ca）、鍶（Sr）、鋇（Ba）、碘（I）、鋰（Li）、鎘（Cd）、硒（Se）、矽（Si）、溴（Br）、鋁（Al）、釷（Th）、鑭（La）、鉺（Er）、鋱（Tb）、釕（Ru）、銫（Cs）、鉈（Tl）、銣（Rb）、銦（In）及在太陽中發現的氦（He）。

當時還沒有正確的元素週期表。假如1869年有了今天這樣的元素週期表便可以如下圖表示。

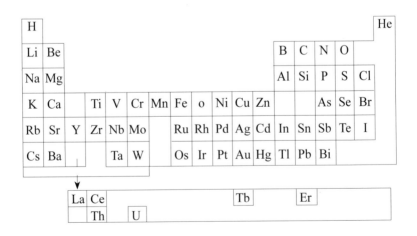

分類元素的嘗試

到了1817年，元素大約有了50種。雖然數量不少，但還沒有人想到它的分類或按特殊的順序加以整理。那時候，人們才開始瞭解元素和化合物的區別。

不過，既然已經知道有那麼多的元素，當然會漸漸感到有必要把那些已知的元素加以分類。所以科學家們開始想辦法整理它們。他們是依據這種想法去研究的：種種元素間關聯的關鍵可能在原子量。

頭一個發現在幾種元素之間有些關聯性的是德國的化學家提培萊那。1829年，他想出了三組元素的概念。他發現假如將性質相似的元素——如鋰、鈉、鉀——由上往下排成一列的話，中央元素的原子量剛好是上面和下面元素原子量的平均數。不但這樣，中央元素的化學性質也大概在上面和下面元素的中間。其他的例子是：鈣、鍶、鋇和氯、溴、碘。

之後25年間，其他的化學家將提培萊那的三組元素擴大，發現四、五對同樣有關聯的三組元素。這是以後建立元素體系最重要的一步。

1862年，法國化學家鄉克爾都瓦將元素按原子量的順序排成螺旋狀。依這種排法，性質相似的元素會排成直列，相鄰接的兩種元素的原子量會相差16。他說，各種元素性質間的關係很像整數間的關係。

2年後的1864年，英國的Newlands將氫、鋰、鈹、硼、碳、氮、氧等頭7種元素像音階中的音符那樣排列。然後將其他元素按原子量的順序排在那7種元素的下面。結果，性質相似的元素集中在一起，而那7種元素站在各排的最上面。Newlands把

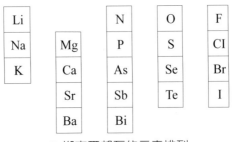

● 鄉克爾都瓦的元素排列

這種分為七組的排法叫做「倍音定律」。

元素週期表的誕生

有關這些問題，直到1869年德國的化學家Meyer和俄國著名的化學家門捷列夫（Mendeleev）說明了元素週期表的原理（週期性）之後才解決。

開始時，他們將已知的元素按原子量的順序排列。但是發現氫無法和其他元素配合，所以把氫暫擱在一邊，而從後面的鋰和鈹開始排。排好一橫行之後，再排第二行。結果，他們發現化學性質相似的元素都排在同一直列。將表繼續擴展下去，他們又發現有幾組元素無法按這七組排。那些元素到後來才排上去。

尤其門捷列夫發現，如果要使具有同樣化學性質的元素都排在同一直列的話，需要留下幾個空位才行。這個表跟現在使用的元素週期表仍有許多不同。

門捷列夫最大的貢獻在於他將自己的元素週期表留下了幾個空位，而且主張那些空位應該由尚未發現的元素來占有。

B	C
Al	Si
液化硼	Ti
液化鋁	液化矽
Y	Zr

●門捷列夫所預言的元素

　　門捷列夫更進一步充滿勇氣地預言那些尚未發現的元素應該是什麼形態，有多重，它們應具有哪些化學性質。他預料哪三種元素的性質應該跟硼、鋁、矽相似，所以暫把它們叫做擬硼、擬鋁、擬矽。如擬矽，他預料是暗灰色的固體，原子量72，密度5.5，會生成液體的氯化物。

　　過去從沒有人預言過特定未知元素。假如三種元素之中的任何一種被發現的話，門捷列夫的元素排列法的價值和效能就會得到永遠的保證。

元素週期表的改良

　　19世紀末以前，這種排法是以元素的相對重量（原子量）為基準的。後來才知道應該按原子序數排列才正確。元素的原子序數表示該元素原子核的正電荷。一般來說，電荷跟原子量成正比例。如某一元素比排在它前面元素的電荷大，在週期表上該元素的原子量也較大。不過並不是百分之百都這樣，如鈷和鎳的情形就不同。

1911年，英國的羅得福特發現原子的正電荷集中在原子中心體積很小、密度很高的原子核中。不到兩年，丹麥的物理學家Bohr便畫出了很詳細的原子核構造圖及在原子核周圍旋轉的電子的種種軌道。

1913年及1914年，英國的Moseley用上述原子核的正電荷去說明原子序數的概念。用這種新概念重新查看元素週期表的結果，發現從前無法說明的疑問都可以說得清楚。

另一方面，更早以前——門捷列夫還在排他的表的時候，有一件驚人的新儀器——分光器——出現了，有了這種新儀器，人們便可以用它去發現其他新元素。

用分光器採集元素的「指紋」

對實驗科學來說，分光器是最重要的儀器之一。分光器的作用在於分解光。像雨的小水滴把陽光分散現出彩虹那樣，分光器會把由特定光源來的光分散。當然不是用雨滴，而是用棱鏡（Prism）或光柵。光會被分為幾種顏色的光譜，由光譜可以看出哪個光有什麼特別的顏色或波長。

科學家利用分光器確立了由物質放出來的光用以區別物質種類——就是說依光的「指紋」判斷原子種類的方法。當初就是利用分光器而發現門捷列夫所預言的一種未知元素的。

分光器的原理

我們由元素所發出的光譜顏色，大體上可以辨別出是哪種元素。

把銅的化合物放進火焰會發出明亮的綠色光。鍶的化合物發出來的光是深紅色。各種元素發出來的光都是各種元素特有的，所以由那些光可以判斷是哪一種元素。

如想更詳細地研究那些光，使它們通過棱鏡或光柵就行了。光柵是將顯微鏡才看得到的那樣大小的棱鏡以一定的間隔排成的東西。

光通過棱鏡或光柵會改變方向，就是會曲折。曲折的角度因光的顏色而有所不同。太陽的白色光是各種顏色的光混合在一起的。太陽的白色光通過棱鏡時，紅色光的曲折率最小。

橙黃色比紅色的曲折率稍微大一點，黃色比橙黃色更大。照這個順序，綠、青，一直到曲折率最大的紫色。如此，太陽的白色光可以分為像彩虹那樣七種顏色的色光。

● 鍶的化合物在火焰中會發出紅光

　　假如光源是碳的弧光燈，出來的光大體上是白色。因為碳的光譜包含由紅至紫的各種顏色。

　　碳弧光燈的基本部分有兩支直徑1公分長的碳條，略間隔相向。照片上的一支碳條橫著插在左邊，另一支在下面斜斜地向上方。兩支碳條的前端在金屬蓋子裡面相向，只留著幾乎相接的很小的間隔。從金屬蓋子中央黑黑的洞中可以看到兩支碳條的前端。那個黑黑的洞是窗口，裝著深紅色玻璃，弧光是向右邊發出去的。

　　從弧光燈出來的光先通過透鏡及垂直的細長裂口，再通過另一個透鏡後碰到方形的光柵（請看下頁照片）。通過光柵的光被分散成光譜，出現在右邊的銀幕上。

　　如給弧光燈兩支碳條通以強大電流的話，會在兩支碳條的中間放出很亮的火星——弧光，這個時候所產生的熱和電流會刺激碳原子，使其電子激發，放出碳特有的光。

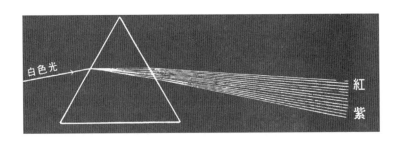

●白色光由分光器分散造成由紅至紫一連串的光譜

●用於分光器的弧光燈

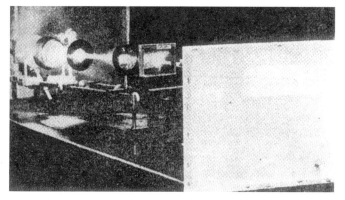

●分光裝置，由左端的弧光燈出來的光通過透鏡、間隙、透鏡、
　光柵（四角型的）被分散，照在右端銀幕上形成光譜

　　假如事先在任何一支碳條的前端塗些某種元素的溶液，
那些元素也會同時發出它特有的光，跟碳的光一起出來。比方
說在任何一支碳條的前端塗些鈉的溶液，使鈉原子附在碳條的

前端，從弧光燈出來的光譜將是碳的光譜加鈉的光譜。鈉的光譜中黃色部分最強烈（黃色比其他顏色明顯）。碳的光譜各色比較平均，所以鈉的光譜以碳的光譜為背景，明顯地凸顯出來（請看第72頁照片）。

　　這張照片的光譜不太清楚，但還看得出剛剛說的不同之處。碳的光譜非常平均，很像太陽的白色光。使用帶著鈉的碳條時，通過光柵出來的光譜上，黃色部分特別顯著。

　　這種黃顏色就是高速公路邊的路燈——鈉黃色燈。白色或黃色的東西會反射鈉的光，看起來會加強黃色。可是假如燈罩是紅顏色的鈉燈，則放出來的燈光就會變成深茶色。因為鈉的光中沒有紅色系統的光，所以黃色的鈉光透過紅色，就成了深茶色。

　　使用前端有鈣的碳條的話，顯現出來的光譜就有鈣特有的顏色。假如只使用鈉單獨的光通過棱鏡或光柵的話，顯現出來的光譜只有很細的黃色線條，而無其他顏色。

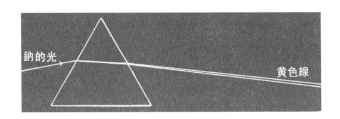

● 鈉的光譜只有黃色線

● 鈉的吸收光譜

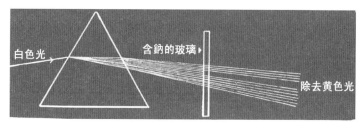

白色光　　　含鈉的玻璃▶　　　除去黃色光

● 含著鈉的玻璃會從白色光中除去黃色光

吸收光譜

　　至此我們所說的都是元素的「發光光譜」，就是由元素發出來的光的光譜。相反地，元素也會吸收跟它本身所發出來的光同性質的光。

● 碳的光譜及鈉和鈣的光譜

　　例如：鈉會吸收跟它本身所發出來的黃色光同樣的黃色光及同波長的光。將含著鈉的玻璃板放在弧光燈前面，它會吸收弧光中同波長的黃色光，所以通過那片玻璃的光中會少了黃色成分。將那些光再通過棱鏡或光柵，會發現鈉的黃色光消失了。鈉的發光光譜中特有的線條這時會像底片那樣明暗顛倒，原來的亮線變為黑線條。

　　換句話說，如將含有鈉的玻璃杯放在碳弧光燈和棱鏡中間，呈現出來的光譜是從碳的光譜除去鈉的光譜後剩下的部

分。這種光譜叫做鈉的「吸收光譜」或「暗線光譜」。

　　所以，利用分光器辨別元素種類的方法有兩種。一是利用元素的原子受到刺激時所放出的特有顏色、條紋或波長。二是利用那些顏色條紋的底片。就是說，元素吸收了它特有的顏色致使在光譜上失去那部分的顏色條紋。

　　如此，分光器不但可以識別已知的元素種類，同時，也可以利用它去發現未知的元素。

　　而且，這個方法非常敏感，像鈉那種元素，只要有十億分之一克，馬上就可以把它分析出來。還有，分光器跟距離無關，所以可以從太陽或星星射來的光中，分辨出它們裡面有些什麼元素。

　　那麼原子到底是怎樣吸收和放出光呢？原來它跟原子核周

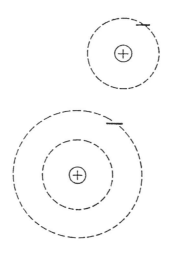

●氫原子吸收光後，它的電子會移到外側的軌道
　（上圖），當它回到原來的軌道時會放出光

圍的電子的位置有關。

氫的情形最簡單。氫的原子核只有一個質子，周圍也只有一個電子。當原子吸收光時，表示電子會從本來的軌道跳到較外面的軌道上去。當原子放出光時，表示電子從外面的軌道跳回了本來的軌道。鋰原子或鈉原子的情形大體上跟氫原子一樣。當電子從外面的軌道跳回本來的軌道時，原子會放出它特有的光。

門捷列夫的預言實現

至此，差不多可以再回到門捷列夫的預言了。門捷列夫說過，為了要填滿他元素週期表上的3個空位，必須要發現3種新元素。

在他預言的5、6年後的1875年，法國化學家波瓦布都蘭正在研究鋅礦石。他知道門捷列夫的預言，也知道有關那些未知元素的一切。他終於用分光器從閃鋅礦中發現了預言中提過的元素「擬鋁」。他以他祖國古羅馬的名字Gallia為它取名，把它叫做「Gallium，鎵」。

在元素週期表上，鎵排在鋅的右邊。鎵原來摻在鋅的礦石裡面。此一事實說明有些性質很相似的元素會排在元素週期表上同一橫行相接鄰的位置。不過，性質相似的元素在元素週期表上還是排在同一直列比較正常。

鎵雖然是固體，但是它的熔點僅比室溫稍微高一點而已。所以把裝著鎵的容器用手捧幾分鐘，裡面的鎵就會熔化。

到了1879年，瑞典的Nilsson發現了「擬硼」。他取了一個代表北歐的名字Scandinavia，把它命名為「Scandium，鈧」。

● 門捷列夫

　　德國化學家Winkler在1886年發現門捷列夫所預言的「擬矽」，取德國的名字Germane做它的名字「Germanium，鍺」。

　　我們來比較一下門捷列夫所預言的「擬矽」的化學性質和新發現的鍺的化學性質。我們發現，三種元素的實際性質竟和預言推測的性質驚人相似。

性質	擬矽	鍺
原子量	72	72.6
密度	5.5	5.47
原子容*	13	13.2
色	暗灰色	灰白色
氯化物的性質	液體，在100℃以下就會沸騰	液體，86.5℃就會沸騰

*原子容：21克原子所占的體積，就是用密度除原子量的數字。

　　這些充分證明門捷列夫的天才和他的元素週期表的功能。門捷列夫非常有幸能在他有生之年看到他所預言的三種元素都被發現了。

　　他逝世後，經過半個世紀，在加州大學放射線研究所發現了原子序數第101號的元素時，為了紀念這位大化學家，遂把它命名為「Merdelevium，鍆」。

氦的發現

　　在鎵、鈧、鍺尚未被發現之前，分光器很成功地發現了一種當時沒有人預料到的元素。1868年日蝕的時候，法國天文學家詹桑頭一次使用分光器分散從彩層——太陽發亮的大氣層——來的光。他在光譜上發現一條黃色的線。另外的兩條黃色線很快就被認出是鈉特有的線。那一條黃色線當然也是屬於某些元素，可是從來沒有人看過這條線。

　　大家的意見很快就一致了，認為這條特殊的線是從太陽中未知的元素來的。同時取太陽的希臘名Helios給那種未知元素，叫做「Helium，氦」。過了27年，才知道不僅在太陽，就

是在地球上也有氦！

稀有氣體元素的探求

可是在19世紀70～80年代的門捷列夫元素週期表上，沒地方容納這個氦。

在地球上發現氦，和因此需要修改元素週期表，都跟太陽中發現的氦無關，而是由其他方面發展來的。19世紀80年代，Rayleigh在英國康橋大學Cavendish研究所當物理教授。他從很早前就一直在研究氣體的密度，尤其對氮有很濃厚的興趣。他發現由氨造出來的氮的密度比從空氣中抽出來的氮的密度小0.5%。

為什麼？

實際上這些差別太小，大部分人都沒把它當回事。但是化學家Ramsay認為值得研究。Ramsay從某些量的空氣中先除去氧，再除去氮，這兩種並未組成空氣的全部，還有些氣體剩下來。他把剩下的氣體裝入玻璃管子，通電流去刺激它。用分光器來看從那些氣體放出來的光譜，他發現光譜上的線不屬於任何已知的元素。非常奇怪的是，在元素週期表上找不到可容納

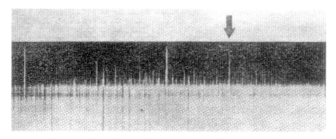

● 在太陽光譜中發現的氦的光譜線（箭頭）

這種新元素的空位子。

到了1894年，Ramsay突然意識到，會不會元素週期表上缺少了一列？在門捷列夫的時代還沒有任何一種屬於這直列的元素被發現過，所以一代大化學家做夢也沒有想到他的元素週期表還少了一直列。

Ramsay想，他所發現的新元素可能就是那一行的頭一個。下表是將當時所知道的元素按現在的元素週期表排的。

Ramsay把它叫做「argonium，氬」。那是希臘語，「懶怠者」的意思。因為看起來，氬好像完全沒有化學性質，所以為它取了這個名字。它沒有臭味，沒有顏色，沒有味道，也不跟其他元素發生化學反應。

第二年，Ramsay又發現另一種新的氣體。它是把一種叫做克列布的罕有礦石加熱時，從礦石中跑出來的。他研究那些氣體的光譜，發現它跟從太陽中發現的氦完全一致。Ramsay得到他年輕助手特拉巴史的協助繼續研究空氣。不久，成功地從空氣中分離出氦。接下來，他們兩位認為應該還有其他像氬的這

[H] ?   [He] ?   [Ar] ?

Li	Be											B	C	N	O	F	?
Na	Mg											Al	Si	P	S	Cl	?
K	Ca	Se	Ti	V	Cr	Mn	Fe	Co	Ni	Cu	Zn	Ga	Ge	As	Se	Br	?
Rb	Sr	Y	Zr	Nb	Mo		Ru	Rh	Pd	Ag	Cd	In	Sn	Sb	Te	I	?
Cs	Ba		Ta		W		Os	Ir	Pt	Au	Hg	Tl	Pb	Bi			
			Th		U												

La	Ce	Pr	Nd		Sm		Gd	Tb	Dy	Ho	Er	Tm	Yb

種氣體，於是繼續尋找。

　　他們採取分餾液態空氣的方法。因為液態空氣中的各種元素沸點都不一樣，可以使其沸騰而把各種元素分離。如液態空氣中的氮會比氧早沸騰而蒸發掉。這就是分餾的方法，也就是從原油中分離汽油或燈油成分的基本方法。

　　他們兩位使用這個方法分離液態空氣中的成分，再把得到的氣體放進放電管用電流刺激。然後用分光器分析從放電管出來的光，查看有沒有分離出什麼新的元素。他們很快就發現了三種新元素，把它們命名為「Neon，氖（新東西的意思）」、「Krypfon，氪（隱藏著的東西）」和「Xenon，氙（沒見過的東西）」。

　　三種氣體都跟氦及「懶怠者」氬一樣，完全不跟其他任何元素化合。現在把它們叫做「稀有氣體」或「惰性氣體」。

　　這類氣體最後一個是由特倫在1900年發現。鈾放出射線的時候，大家都知道會產生某些氣體。特倫是頭一位認出它就是稀有氣體的最後一種，又是最重的一種，因它具有放射性。他把它叫做「Radon，氡」。

| He |
| Ne |
| Ar |
| Kr |
| Xe |
| Rn |

利用稀有氣體

惰性氣體也有種種用途。大部分用途是利用它們跟其他元素不起反應的特性。氦最初的軍事性利用使英國人大吃一驚。空襲英國的德國Zeppelin飛船，雖然中了英國的發火彈卻安然無事，並未爆炸。因為飛船所用的氣體不是容易燃燒的氫，而是不會燃燒的氦。

氦次於氫，是第二個最輕的元素。可是性質跟氫完全不同。潛水人員，今天已不再用氧和氮混合的普通空氣，改用氧和氦的混合氣體供他們在水中呼吸。因為氮溶於血液，如潛水人員從水深處急劇浮上水面的話，因為壓力的驟減，血液中的氮會變成氣泡而蒸發，結果會堵塞微血管引起所謂的潛水病。氦則不太溶於血液，所以不需要擔心潛水病。

Ramsay早在1903年已證明鐳放出射線蛻變時會產生氦。這是證明某種元素會變成別種元素的初期實驗之一。今天，氦的原子核被用於原子核破壞裝置，衝擊原子核的子彈。氦的原子核，就是把氦原子周邊兩個電子除掉後的原子，即為放射能中很普遍的一種產物「阿爾法粒子」。

氬被用於金屬熔接。因為它不會跟其他元素化合，可以防止熔接時的金屬氧化——燃燒或生銹。另外還用於蓋氏計數管及節能燈。

氖、氬及其他一部分惰性氣體都是霓虹燈的基本材料。在玻璃管內塗上會發出所需顏色的螢光物質，然後放進適量的惰性氣體混合物，再通電使其放電，就是大眾所熟悉的霓虹燈。

為什麼稀有氣體不會化合

這些最輕氣體的本質就是沒有任何化學性質。它們不會跟其他任何元素化合或產生反應。（但是1962年合成了氙和氟的化合物，後來又發現氪和氡也會起一點點化學反應。）

惰性氣體不具有任何化學性質的原因在於它們原子的電子構造。

鈉的原子裡面，電子的第一層軌道有2個電子，第二軌道有8個電子，第三軌道只有一個電子孤單地在旋轉。鈉的化學性質非常活潑，是一種非常危險的元素，需要特別小心。最外側的軌道只有一個電子的元素，它們的化學性質都很活潑。

在元素週期表上，鈉的前面是氖。氖的最外側軌道卻沒有一個使它化學性質活潑的單獨電子。所以氖原子中的電子位置像下頁圖那樣整整齊齊。第一軌道有2個電子，第二軌道有8個電子，都完整無缺。因此它沒有讓其他原子的電子進來的餘地，也沒有多餘的電子進入其他原子最外側的軌道。所以它沒有任何化學性質。

電子比氖少一個，第二軌道的電子是7個，那麼有一個空位可以讓其他原子（如鈉）多餘的一個電子進入，這就是氟的情形。氟會拼命找多餘的一個電子來填補它本身的那個空位，這種性質就是它的活潑性。跟鈉一樣，氟也是元素中最易反應的一種。

惰性氣體，也就是稀有氣體，像「稀」這個字，表示地球上罕有，所以到了最近才被發現。這些稀有氣體在元素週期表上恰填滿了門捷列夫所無法預言的整個一直列。

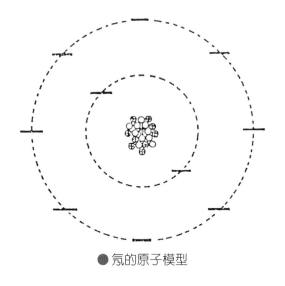

●氖的原子模型

元素週期表的完結

在那段時期裡，陸續地發現了門捷列夫所預言的「鎵（Ga）」、「鈧（Sc）」、「鍺（Ge）」和屬於「稀土」類的八種新元素。「釔（Y）」～1878年，「釤（Sm）」、「鈥（Ho）」、「銩（Tm）」～1879年，「鐠（Pr）」、「釹（Nd）」～1885年，「釓（Gd）」、「鏑（Dy）」～1886年。

「釙（Po）」及「鐳（Ra）」於1898年被發現。其後，1899年發現「錒（Ac）」，1901年發現「銪（Eu）」，1907年發現「鎦（Lu）」，1917年發現「鏷（Pr）」。

鑭及其他14種「稀土」類元素通稱為鑭系元素，被放在週期表鋇和鉿的中間。為了方便，它們被放在下面另一橫行。它

們之所以被叫做「稀土」類元素，是因為它們很像過去被叫做「土」的石灰或氧化鎂的關係。

　　錒及其後面的錒系元素，釷、鈾等也排在下面另一橫行。錒系元素都非常像錒，同時每一元素和在其直接上方的各種鑭系元素也相似。

　　1923年發現「鉿（Hf）」，1925年發現「錸（Re）」，此時至鈾為止的元素週期表除剩下4個空位外，其餘的都完成了。

　　所有的元素都按原子序數的順序，排在元素週期表內。原子序數表示原子核中正電荷的量，或者是表示原子核周圍負電荷的量。

　　元素週期表的第一橫行，就是第一週期，只有2個元素氫和氦。第二週期有8種元素，第三週期也有8種元素。第四和第五週期各有18種元素。

　　第六週期有18種元素之外，還有14種鑭系元素，一共32種。現在的元素週期表，根據理論，準備將第七週期給18種元素和14種鑭系元素。這一點在1925年的元素週期表是沒有的。

H																		He
Li	Be												B	C	N	O	F	Ne
Na	Mg												Al	Si	P	S	Cl	Ar
K	Ca	Sc	Ti	V	Cr	Mn	Fe	Go	Ni	Cu	Zn	Ga	Ge	As	Se	Br	Kr
Rb	Sr	Y	Zr	Nb	Mo		Ru	Rh	Pd	Ag	Cd	In	Sn	Sb	Te	I	Xe
Cs	Ba		Hf	Ta	W	Re	Os	Ir	Pt	Au	Hg	Ti	Pb	Bi	Po		Rn
	Ra																

La	Ce	Pr	Nd		Sm	Eu	Gd	Tb	Dy	Ho	Er	Tm	Yb	Lu
Ac	Th	Pa	U											

元素週期表由上而下，化學性質相似的元素會排成一直列。如左邊第一直列有氫、鋰、鈉等「鹼金屬」。第三直列有鈧、釔和全部鑭系元素及全部錒系元素。

最右邊一族是稀有氣體。右邊第二直列有氟、氯等鹵族元素。這個族的元素在最外層的電子軌道上都空著一個位子。

利用元素

至1925年已經知道了88種元素。它們都是天然的元素，存在於土、水或空氣中。元素尚未被精煉出來時，只是普通的岩石或土砂。人類學會利用那些從岩石中抽出來的元素做建築材料、建造船隻、收音機甚至人造衛星等等。

獲得所需材料再利用它是產業的問題。此事古代早已存在，而現代，這些仍是我們要解決的問題。如何解決？可以把元素大體分為三種：一種是在自然界單獨存在的元素；第二種是需要從礦石中抽出的元素；第三種是以化合物形態存在的元素。第三種可以直接利用，即不把它分離成單獨的元素便可直接利用。

單獨存在的元素

在自然界，不跟其他元素結合的單獨存在的元素有碳、硫磺、氧、氮以及惰性氣體——氦、氖、氬、氪、氙、氡等。當然，這些惰性氣體在元素週期表上都在同一直列，表示它們的化學性質都相似。同樣，它們都能單獨存在於自然界。

其他排成一直列、性質相似的元素有銅、銀、金，它們有時在自然界也以單獨的形態存在。

　　這些「自由」的元素大部分都混合存在，不過可以很簡單地把它們分離。像前面說過，只要有一個磁鐵就可以輕易地把鐵和硫磺分得清清楚楚。

　　在美國歷史中，最富活力的是那一段黃金熱時代。金粒混在沙中，用鍋等簡單的工具就可輕易將它們分離。金粒比沙重，所以把河底沙裝在鍋裡在水中搖動，金粒會沈在鍋底。然後把鍋裡面的水和沙倒掉，就只剩下純金的小粒子。

　　這些自由元素混合物中，跟我們最親近的是空氣。空氣中大約五分之四是氮，五分之一是氧，還有一點點惰性氣體。前面說過，這些元素的沸點不同，所以分餾液態空氣可以把它們分離。

由礦石中抽出元素

　　大部分的元素以化合物——礦石——的形態存在於地下。大體上，自然界的礦石都含有氧（如鐵的礦石或鐵鋁氧石）或硫磺（如辰砂、輝銀礦、方鉛礦）。辰砂的分子（HgS）是由一個水銀原子和一個硫磺原子所構成。輝銀礦（Ag_2S）是由兩個銀原子和一個硫磺原子所構成。方鉛礦是由一個鉛原子和一個硫磺原子所構成的所謂硫化鉛（PbS）。

　　氧化汞（HgO）是能夠簡單地抽出金屬的礦石之一。前面已說過，把它放進蒸餾器加熱就可以把水銀分離出來。加熱會把氧化汞分子裡面的汞原子和氧原子分開。分開後的汞原子會集在一起形成水銀，一方面氧原子會兩個兩個結合在一起成為氧氣分子而飛往空中。

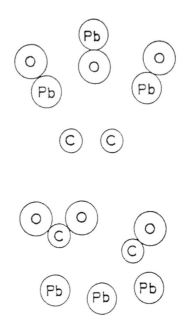

● 在碳（C）的作用下，氧化鉛（PbO）還原而成為鉛（Pb）

　　要把鉛從氧化鉛（PbO）中分離比較困難。氧原子跟鉛原子的結合比水銀堅固。所以需要把氧化鉛放在黑鉛板上加熱。黑鉛是純粹碳的一種形態，這種碳會加入化學反應。碳比鉛更易吸住氧，利用這一點使碳從鉛中奪取氧。

　　把氧化鉛放在黑鉛板上加熱，碳原子會跟一個氧原子結合成為一氧化碳，或跟兩個氧原子結合成為二氧化碳。兩者都是氣體，所以會飛掉而剩下純粹的鉛。

鐵和鋼

　　鐵在重金屬中最便宜、最豐富，但還原更困難。鐵對人類

非常重要，我們可以把鐵急速冷卻使其變硬，也可以讓它緩慢冷卻使其具有彈性。還可以把硬化的鐵再度加熱，然後慢慢冷卻使其復原。

　　元素鐵非常容易氧化，所以不容易把它單獨分離。用鐵打造的東西也會很快氧化而生銹。鐵的礦石中大部分是赤鐵礦（Fe_2O_3）——一個分子裡面有2個鐵原子和3個氧原子及磁鐵礦（Fe_3O_4）——一個分子裡面有3個鐵原子和4個氧原子。依鐵原子容易氧化的性質看，這種現象是很自然的。

　　既然鐵原子這樣容易跟氧原子結合，當然，要把它還原會比鉛困難得多。

　　鐵的礦石裡面除鐵的化合物之外，還有許多其他不受歡迎的礦物，所以平常都在熔礦爐（高爐）精煉。熔礦爐有一點原始的味道，可是卻是效率最高的煉鐵方法。

　　熔礦爐下面比較粗，像一座巨大的煙囪，高度通常在20公尺以上。裡面裝滿鐵礦石、焦炭（碳的一種形態）和石灰石。從煙囪下面吹進熱風使焦炭燃燒。在爐上方，一氧化碳會跟氧化鐵的氧結合留下純粹的鐵。從石灰石中產生的生石灰（CaO）會跟鐵礦裡面的無用礦物及焦炭燃燒後的灰結合在一起成為礦滓。礦滓可以從爐的下面流出去。

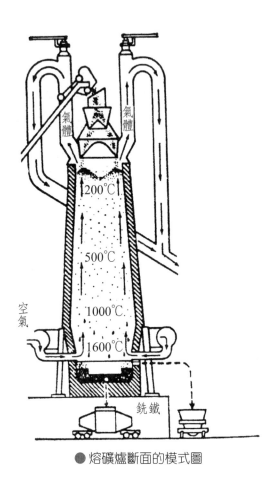

●熔礦爐斷面的模式圖

　　被還原的鐵在裡面以液態存在，帶有一點碳，積在礦滓上面。這樣造出來的鐵叫做銑鐵或鑄鐵。它含有大約4%的碳。在熔礦爐裡面發生的化學反應跟氧化鉛和碳的反應相同。一氧化碳從氧化鐵中搶走氧原子成為二氧化碳，還鐵的「自由」。

● 從平爐流出來的鋼鐵

　　從熔礦爐出來的鑄鐵可以經種種加工提高它的純度。例如使用平爐把碳從4%降為0.5%。平爐是把鑄鐵熔於淺淺的大容器，用火焰燒除多餘的碳。平爐造出來的叫做鋼鐵或平爐鋼。照片是從容量275噸的平爐流出來的鋼鐵。碳的含量不同，鋼鐵的性質也隨之不同。如軟鐵，碳的含量少，容易打造出各種形態的東西。而鑄鐵的碳含量很高，用鐵錘一打就會粉碎。

　　假如鋼鐵加些其他元素造成合金，可以改良它的性質。如加些鎳和鉻就成為不銹鋼。假若加適量的鉬、釩、鎢、鈷、鈦或其他元素，可以改善鋼的硬度、強度及磁性等性質。

鋁的電解

有些礦石比鐵還難以得到。最好的例子就是氧化鋁（Al_2O_3）。此時只加熱無法得到鋁，需要用其他方法，那就是電解。

把礦石熔化後通電流，同時為了使電解順利，還要加些別的物質。鋁電解時，電流在碳的陽極和鐵的陰極之間流動。電流在礦石熔液中流動時，氧化物中的氧會跟陽極的碳結合，金屬鋁彙集在鐵的陰極。

這樣造出來的鋁可以直接使用，也可以加鎂、銅或錳等造成合金使用。

氧化鋁礦石的電解過程相當複雜，用銅的例子說明比較容易理解它的基本原理。一樣是電解，銅比鋁容易分解抽出。

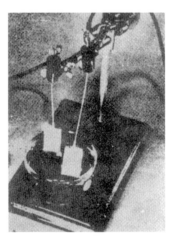

● 銅的電鍍實驗

這時需要結在硫化銅及電源的兩個電極，其中陽極是銅的小片，或是用銅鍍金的其他金屬。陰極，照片上的是白金小片。在兩極之間通了電流之後，陽極的銅會溶於溶液中，溶液中的銅會集在陰極。這樣，元素銅會移動到白金的陰極。鋁會移到鐵的陰極跟這同一個原理。

同樣的方法也用於電鍍。鍍金時，某種金屬會成為很薄的一層包蓋在另一種金屬上。

元素和工業

任何一種元素都不是平均地分布在地球上。元素都豐富地蘊藏在各自的礦石中，而那些礦石也集中於某些特殊的地方。礦石集中於地球上特殊地區這種情況，對人類歷史的發展有很大影響。不用說，它決定了世界工業中心的位置。

像鋁這種礦石的精煉，需要在礦石資源附近而電力也充足的地方才行。以前是在礦山的廣場建造爐，再從附近的森林採木材造木炭，用那些木炭精煉鐵。

可是今天鐵或鋼的大量生產需要更大量的焦炭，所以一般是把礦石從產地運到精煉所去。如北美Michigan的鐵礦石運到南方的石炭地去。目前還一直在開拓新路線，現在Labrador的鐵礦石逆流而上Saint Lawrence河，被運用到高爐中去。

匹茲堡之所以跟Essen或Newcastle同樣成為大工業中心，就因為它附近有豐富的石炭礦脈。就是說，幾百萬年前、幾億年前已經定型的地球中元素的分布反映在我們今天的地圖及歷史書上。

以化合物形態可以利用的元素

第三種元素的集團是以化合物形態存在的。只要改變一下它的結合狀態就可以利用。這種元素不需要特地加工就能將其分離。

利用這種狀態的元素的例子是有機化學——碳化合物的化學——的部門。尤其從石油（原油）抽出種種材料物質就是一個最典型的例子。

關於石油化學，就請Calvin來說明吧。Calvin在1961年領到諾貝爾化學獎，是柏克萊加州大學的化學教授，他是勞倫斯射線研究所的生物有機化學部部長，也是世界聞名的化學家之一。尤其在光合成化學方面的輝煌研究（所謂Calvin回路），貢獻很大。

有機化合物

我講解的課題是，如何將自然界中以化合物狀態存在的元素，不加以分離而直接利用。在這裡擔任主角的是碳。在自然界，碳大部分都在石油及石炭裡面。當然，石炭可以說就是碳本身。

石油的主要成分是碳和氫所構成的多種化合物。剛從地下取出來的石油，也就是原油，呈現黑色而有一點臭味，這是一種混合物。雖然原油也可以不加工直接使用——如Diesel引擎的燃料，但一般都要經過種種加工才便於利用。

●正在說明的 M. Calvin

　　如想大體上知道如何加工，需要先瞭解構成原油的分子是什麼。

碳原子的構造和性質

　　那個混合物的主要成分是碳和氫，所以值得看一下碳原子的模型。碳的原子核有6單位的正電荷。第一軌道有2個電子，第二軌道有4個電子。

　　第二軌道（殼）可以容納8個電子（氖就有8個電子），而碳只有4個。只有4個電子在第二軌道，表示碳可以跟其他4個原子結合。

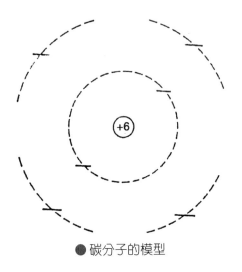

● 碳分子的模型

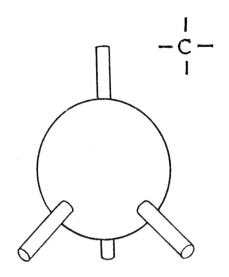

● 簡單的碳原子模型
　二度空間（上）和三度空間（下）

　　有機化學平常所使用的碳模型更簡單，是一個球伸出4支線條的模型。4支線條表示使碳原子和其他元素的原子或其他碳原子結合的電子。其他原子和碳原子各提供一個電子，雙方共有兩個電子而造成叫做「共價結合」或「電子對結合」的化學結合。有時候也可以用C代表碳，C加4支線條表示碳的結構。

　　從化學反應的立場看，碳有4個多出來的電子，所以有一點像金屬。但是反過來，它的最外側軌道有4個空位子，所以也可以說像鹵類元素。實際上，在元素週期表上，碳是排在金屬鋰和鹵類氟的中間。

碳氫化合物的種類

　　因為碳有這種獨特性質，很容易以各色各樣的方法跟其他原子結合。目前我們所知道的就有50萬種碳化合物，同時它們也是生命物質的主要成分。

　　只由碳和氫兩種元素所構成的碳氫化合物就有好幾千種。這種化合物叫做碳氫化合物，跟動物及植物的生活有非常密切的關聯。所以有關它的研究成為「有機化學」的一部分。石油是由太古時代的植物所造成的，所以含著大量的碳氫化合物。在碳原子的4支線條上各加一個氫原子就成為甲烷（沼氣）的分子（CH_4）。甲烷是天然瓦斯的主要成分。

　　假如不是4個氫，而是3個氫及另外1個碳，再在第二個碳原子加上3個氫的話，就成為同系列第二種分子的乙烷（C_2H_6）。下來就是丙烷（C_3H_8）。這種操作可以無限地繼續下去而造出很長的碳原子鏈。

　　乙烯（C_2H_4）是另外一種碳氫化合物系列的起始分子。這個系列的特徵是，一對碳原子之間用雙鍵結合。雙鍵結合是兩

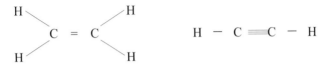

● 有雙鍵結合的乙烯的分子　　● 有三鍵結合的乙炔的分子

個原子各提供兩個電子，兩原子共用四個電子的化學反應。平常雙鍵結合比單鍵結合強了很多。

乙炔碳氫化合物的另一類型乙炔（C_2H_2）是一種三鍵結合的分子。

石油的提煉和裂解

原油就是由上述這些無數的分子構成的，而分子裡面通常都有6至數百個碳原子。如要利用它，必須先把各種分子分開。用蒸餾法可以簡單地達到目的。

將原油放進像塔的蒸餾器的底層加熱，揮發的原油會在塔中上升，而像潤滑油那種重分子則在最下面凝結，像燈油那種輕分子就會在上面凝結，最輕的汽油當然在最上層凝結而首先離開塔頂。這樣利用各種分子揮發程度的不同，遂將各種分子分開成為各種不同成分。

像燈油或汽油這種輕的成分可以直接做燃料使用。可是重的成分只能當做潤滑油或脂膏用，此外別無其他用途。如果想把它利用於其他方面，就需要設法將那些重分子內的原子排列重新改變才行。

為了改變原子的排列，需要把重分子放進鍋爐加熱，並加壓，把那些分子裂解成為小分子。這種方法叫做「裂解法」。

那些被裂解成小而輕的分子再經蒸餾，可以得到種種比較純的成分。

　　用這種裂解法所得的成分之中最普遍的是由4個碳原子所構成的異丁烷和異丁烯。這兩種的差別在於異丁烯有一個雙鍵結合，就是說兩個碳原子由兩個線條結合在一起。

　　這個雙鍵結合是一種不自然而緊張的狀態，一有機會就會分開跟別的原子結合。所以如有條件存在，雙鍵結合就會打開，跟異丁烷結合成為有8個原子的辛烷分子。

　　這時產生的辛烷就是所謂高辛烷值汽油的主要成分。

聚合及其利用

　　另外還有其他方法將裂解法所造出來的分子再結合重新造出新物質。也是利用雙鍵結合的緊張狀態，就是利用雙鍵容易打開而跟其他原子結合的性質。如果有了適當的條件，會使雙鍵打開的分子跟同種類也是雙鍵頭的分子結合。這樣兩個結在一起的分子會跟第三個同樣的分子結合。還會與第四個、第五個無限地結合下去。這種分子會變得很大，叫做「聚合體」，是由有一個變鍵結合的單元體「聚合」而成的。

　　聚合的意思是使兩個以上的同種類分子結合，造出物理性質不同的更大的化合物。在我們身邊，由這種聚合所造成的東西太多了，如由兩個碳原子及一個雙鍵結合聚合而成的化合物聚乙烯，還有很像乙烯，可是多了一個圓圈狀含6個碳原子的聚苯乙烯。從煤焦油或石油中可以造出種種燃料及構造材料之外，也可以造出如磺胺劑類的藥品。

　　如此這般，人類學會了利用從地下深處取出來的化合物，把原油的分子分餾、裂解、聚合，造出種種有用的東西。

三、原子核

前面所說的糖的加熱分解、從礦石抽出元素、石油分子的裂解等都是化學反應的例子。化學反應——如火焰——就是原子的排列被改變，隨之交換能量或放出能量的現象。

可是原子核反應跟它完全不同。

原子核反應是原子核中比原子核還小的粒子被改變排列、交換或放出能量的現象。任何元素的原子核都由核內的粒子——質子和中子所構成。假如那些基本粒子的數目有所變動的話，那個元素就會變成同位素，甚至成為另一種元素。

99.9%以上的原子重量集中在小得無法相信的原子核上，所以原子核是一個非常重的質點。假如整個原子的密度都跟原子核一樣高的話，用這種原子做的高爾夫球會有數10億噸重。由此推想，質子及中子的中心部分很可能比原子核的密度還高。把這麼重的粒子密密地集中在那麼小的核中，可想而知，那些力量有多大。

這種力——核力——是什麼，我們還不曉得，不過我們知道它的能量大概有多少。例如像鈾或鈈那種元素的原子只放出一小部分的能量就會造成原子彈的爆炸或原子爐的發電等。

同樣，如要把帶電的粒子射進粒子和粒子緊緊地結合在一起的原子核，該知道需要多大的能量。

　　由於需要很大的能量，又為了徹底解決研究原子核的科學家的困難，於是出現了迴旋加速器，以及其他巨大的粒子加速裝置。

勞倫斯射線研究所

　　加州大學的勞倫斯射線研究所設在俯瞰舊金山灣的柏克萊山丘上。在這所研究所裡設有現代煉金術的裝置。科學家利用這個裝置實現了昔時煉金士的願望——將某種元素改變成另一種元素。

　　我們用這個裝置更向前走了好幾步。就是說，造出了地球上沒有存在的元素，完全新型的物質。

　　勞倫斯射線研究所是一所造出了大部分的合成元素及確認它們的研究所，也是產生人類和大自然之間，這種新關係的原動力的研究所之一。這裡裝備有照片（見下頁）前景的質子加速器（Bevatron），及上方184英寸的迴旋加速器（Cyclotron）等粒子加速裝置，擔負著美國原子能委員會（AEC）基礎研究的重任。

　　迴旋加速器是跟所有合成元素的誕生有事實上關係的原子破壞裝置。我們請了現在已退休的勞倫斯博士說明迴旋加速器誕生的經過。勞倫斯博士是柏克萊加州大學射線研究所的創始者，當了22年的該研究所所長。他發明了迴旋加速器。為此，1939年獲得了諾貝爾物理學獎。

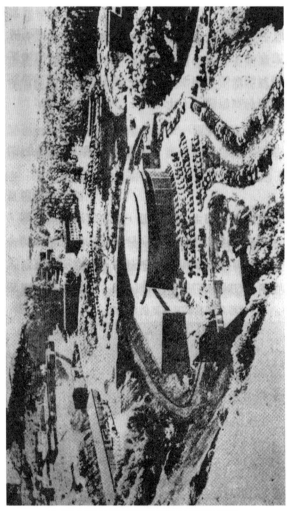

●加州柏克萊的勞倫斯射線研究所

● 正在說明迴旋加速器的勞倫斯

如何製造迴旋加速器

大約40年前（1919年），羅得福特發現用速度很快的氦原子核，也就是從鐳放出來的阿爾法射線去衝擊氮的話，可以把氮變成氧。從此，科學家們為了研究原子核，開始尋找可以把原子那樣的粒子加速到非常高速的方法。

1920年建造了頭一座粒子加速裝置，可是它只不過是提高電壓及提高真空度的普通放電管而已。它是個具備兩個電極簡單的真空管，一個電極帶著正電位，另一個電極帶著負電位。兩個電極之間的電位差大約只有100萬電子伏特。

在正電位的電極造出帶著正電荷的阿爾法粒子，它被負電極吸引過去，像下坡一樣一直增加運動能量，最後沖上負電極，直接跟構成負電極的原子相撞，於是產生原子核反應，放出來的射線則從負電極飛了出去。

不久，大家都知道這種加速器只能把粒子加速到100萬至

200萬電子伏特，仍需要再想辦法把粒子加速到數千萬甚至數億電子伏特。

迴旋加速器的原理

任何小孩子都知道，假如想把鞦韆加速升高，有兩種方法。一種是一鼓作氣，就像剛才說的高電壓加速裝置。另一種是每搖動一次用一點力，慢慢加速升高的方法。

迴旋加速器是在1929年採用第二種方法發明的，使粒子在圓圈裡面飛動，每一次回到原來的位置時就從後面推一下，使它漸漸加速。倫敦科學博物館的Ward博士造了一個能巧妙地說明迴旋加速器作用的模型。下頁的照片是它的複製品之一。

迴旋加速器的真空管裡面有兩個半圓形的電極叫做「D」。這兩個電極的電位會互相變換成正或負，就是說電位會一下子高、一下子低。模型的兩個半圓板會上下移動（當然真的電極不會這樣上下移動，是用板的上下代表電位的高低）。

●說明迴旋加速器的機器模型

模型利用重力代替電位差使鐵球（代替粒子）加速。鐵球在模型的螺旋形溝內轉動，粒子在迴旋加速器內受著強力磁場的作用會在螺旋軌道上飛馳，不會碰到內壁。

　　加速器中心造出的粒子，從一個「D」飛出去到達另一個「D」之後，加速就開始。鐵球順著溝紋畫成半圓後移到另一個半圓板。這時候兩個半圓板的上下關係會變換，鐵球還是繼續下坡而加快速度。兩個半圓板（D）會互相變換高低，致使鐵球不管什麼時候都在下坡。

　　這樣粒子每一次通過兩個「D」都會增加它的運動能量慢慢向外側移動，到最後在最外側沖上靶心。當然靶心就是我們所要研究的，會產生原子核反應的地方。兩個「D」的電位差是由振動著的電場配合粒子運動的速度而變換方向的高周波電壓所造出來的。沖上靶心之前，粒子要通過兩個「D」好幾百

●兩個□交相上上下下，使球不斷地在下坡

次。所以最後能得到相當於一次最大加速電壓的數百倍能量。

迴旋加速器的發展

下面照片是1930年我們試造的第一個迴旋加速器，沒有裝上磁鐵。它雖然沒有多好的性能，總算是可以操作，所以我們把它留作紀念。兩個電極用蠟黏在一起放在磁鐵的中間。第二個模型跟第一個差不多一樣大小，8英寸。它的性能還不錯，用了很久。

接下來是11英寸的機器，可以產生100萬電子伏特的電壓。我們用它實地做過原子核的實驗。事實上，用迴旋加速器實現頭一次原子核衰變的是這個11英寸的迴旋加速器。

● 1930年的第一個迴旋加速器

● 11英寸迴旋加速器

後來造了27英寸的迴旋加速器，接著又造了37英寸的儀器。前者可以造出400萬到500萬伏特的電壓。我們用它造出了許多新的放射性同位素。

之後，又誕生了60英寸的迴旋加速器，這個加速器可以造出5000萬電子伏特的阿爾法粒子，我們現在還在用它。

最後，造了184英寸的同步迴旋加速器。1957年把它改造後，現在可以造出7.2億伏特的粒子。我們用這個4000噸的機器進行著大量的研究，今後也會不斷地繼續下去。

射線研究所更大的加速器是質子加速器。質子加速器雖然不是迴旋加速器，可是有許多相同的特徵。質子加速器是Macmillan發明的。它的名字「Bevatron」的bev是10億電子伏特——billion electron volt的頭一個字母。這個裝置可以把粒子的速度增加到62億電子伏特。

●由上往下依次是：27英寸迴旋加速器（站在旁邊的是勞倫斯）、
　　　　　　60英寸迴旋加速器、180英寸迴旋加速器

　　質子加速器建在非常大的圓形建築物裡面。粒子在直徑30
公尺像田徑跑道的磁鐵中回轉，和25年前第一個8英寸迴旋加
速器相比，進步實在驚人。
　　我們不知道還會進步到什麼程度。更大的加速裝置正在美

國Brook Heaven、Long Island、瑞士的Geneve建造中。我相信將來一定會出現1000億電子伏特的加速器。

元素的合成

如此,迴旋加速器成為製造人工合成元素及發現新元素的基本工具。其實人造元素的故事從1925年,88種天然元素的最後一種被發現的時候就開始了。

天然元素中最重的是原子序數為92的鈾。1925年的元素週期表中還有4個空位,就是說還有4種元素尚未被發現。它們的原子序數分別是43、61、85及87。

現在把它們叫做「鎝(Tc)」、「鉕(Pm)」、「砈(At)」、「鍅(Fr)」。其中幾種誤傳為1937年以前已被發現,後來不久被訂正了。

這4種元素都很不穩定。大約50億年前地球剛誕生時可能有

●質子加速器

它們，可是它們的原子核非常不穩定，所以在漫長的歲月中放出射線而衰變，終於完全消失。這種不穩定的元素會變換成更輕、更穩定的其他種元素。我們用人工方法可以把它造出來。現在如果不去研究原子核的構造，就無法說明元素的不穩定性、放射能、元素的變換等問題。

前面說過，普通的氫原子只有一個質子。用圓圈圍加號「⊕」代表質子，這個加號表示它有一單位的正電荷。給氫原子加一個沒有電荷的粒子——中子，就變成氫的同位素——重氫。再加一個中子和質子就成為氦的原子核。假如再加一個質子和中子上去，就成為鋰的原子核。這樣一個一個地加上去就會逐次成為更重的元素的原子核。

例如：銀的一種同位素的原子核有47個質子和60個中子。這種銀的原子核一共有107個質子和中子，所以重量（原子量）是107。如用記號表示銀的原子核時，在銀的化學代號左下方寫銀的原子序數——原子核裡的質子數量——47，在右上方寫原子量107，整個記號為$_{47}Ag^{107}$。

我們用中子來撞擊銀的原子核。銀的原子核會吞下一個中子而使原子量增加1，成為$_{47}Ag^{108}$。

這種稍微重一點點的銀的同位素有放射能。就是說原子核中的一個中子會變成質子。中子獲得正電荷而變成質子的同時，會放出一個帶負電荷的電子。

原子核多了一個質子，原子序數就變成48，所以不再是銀而是鎘（Cd）了。以中子（Neutron）的頭一個字母n代表中子，以電子（Electron）的頭一個字母e代表電子，可以將中子撞擊銀使它變換成鎘，寫成：

$$_{47}Ag^{107} + n \longrightarrow {}_{47}Ag^{108} \longrightarrow {}_{e48}Cd^{108}$$

做這種實驗不太困難。把銀幣放進裝著含有鐳和鈹的袖珍原子破壞裝置，就會有中子去撞擊銀。數分鐘後，銀幣就會帶些會使蓋氏計數器發出聲音的那種程度的放射能。這些放射能是吞下中子的銀原子自動地變換為鎘原子的時候放出來的。用某種粒子線撞擊原子核時都一樣，只是原子的一小部分會變換而已。

空白的四元素

1925年的元素週期表所留下空白的4個元素當中，三種──「鎝（Tc）」、「鉅（Pm）」、「砈（At）」──是用將銀變換成鎘的方法，以人工合成的。第四種的鍅（Fr）是在觀測非常罕有的現象錒自動地放出阿爾法射線而衰變時發現的。

元素放出阿爾法射線而變換成別種元素的「阿爾法衰變」是放射能的一種形態。由此元素會失去一個阿爾法粒子。阿爾法粒子是由兩個質子和兩個中子所構成，其實就是氦的原子核的另外一個名字。

錒是放射性元素之一，原子序數是89，質量數是227。巴黎的居里研究所的培莉小姐在偶然的機會中發現它放出阿爾法射線而衰變的罕有現象。在那個時候，錒放出一個阿爾法粒子，失去兩個質子而變成原子序數為87的元素。培莉小姐用自己的國家名字給它命名，叫做「鍅（Fr）」。

這個反應可以寫成：

$$_{89}Ac^{227} \longrightarrow {}_{87}Fr^{223} + {}_2He^4 \text{ 或寫成 } _{89}Ac^{227} \xrightarrow[He^{++}]{} {}_{87}Fr^{223}$$

後者能夠更清楚地記述錒放出阿爾法粒子的情形。

　　用語言說明的話就是，具有質子89個、原子量227的錒失去2個質子，4個質量而變換成質子87、原子量223的鍅。鍅唯有在放射性元素衰變的時候才會在自然界存在，所以數量很少。鍅的同位素中壽命最長的，半衰期也不過是21分鐘而已。「半衰期」是放射性同位素的半數原子完成放射性衰變所需的時間。

　　其他三種，鎝、鉅、砈是在迴旋加速器或原子爐中用合成變換的方法造出來的。

合成元素的認識

　　最困難的事情之一是造出新元素後，確認它是否是新元素。原子序數分別為43、61、85、87的四種元素都是自非常微量的標本中分離、濃縮出才確認的。

　　假定有無法稱量，連看也看不到的那麼微量的鐳，這時只有靠檢出放射能才能確認它的存在。不過還可以利用元素週期表上在鐳的上面的鋇或鍶那些近親元素，從它們的溶液中抽出微量的鐳。

　　就是把那些近親元素混合在溶液中，用普通的分析方法去分離那些元素，那麼微量的鐳也會一起被抽出來。鎝、鉅、砈、鍅這四種元素就是用這種方法確認其存在的。

　　第一個被合成而確認的元素是鎝，發現者是Segre和他的同僚培里伊。Segre是加州大學的物理學教授，1959年得了諾貝爾物理學獎。

　　我們請Segre博士談一談他的發現吧。

● Emirio Segre

鎝的意思是「人造」

很久以前，我跟Fermi在羅馬5、6年一起研究放射能。後來於1936年，離開羅馬搬到Palermo去。那裡只有小而簡陋的實驗室，沒有像柏克萊那樣的大研究室。我希望能夠找到在那種地方也可以做的研究題目。1936年，我到柏克萊去參觀那個37英寸的迴旋加速器，那個小加速器現在已不再使用，當時是用於重質子的加速。我帶了一小片用重質子照射過的鉬回Palermo。

有充分的理由相信用重質子衝擊的鉬會產生原子序數為43的元素——鎝（Tc）。鉬的原子核有42個質子。重質子就是重氫的原子核，有一個質子和一個中子。鎝的原子核當然有43個

質子。

我們認為跳進鉬的原子核內的重質子會給鉬的原子核一個質子，所以一定會變換成鎝，但問題是如何證明這個假設。我們採用追蹤技術，先把被重質子照射過的鉬溶化，加種種元素進去做追蹤物質。然後在溶液中尋找跟錸或錳相似的物質。因為錸和錳在元素週期表上都跟鎝排在同一直列上。經過許多次繁雜的操作之後，1937年，我們終於發現了某種物質。它跟錸雖然很相似，我們還是能夠證明它並不是任何已知的物質。後來，我們甚至把它從錸中分離出來了。

這是最初的人造元素，所以把它叫做「鎝，Technetium（人造的）」。關於這項工作，礦物學家培莉伊幫過我們不少忙。對礦物學家來說，這種事可能是司空見慣的吧。因為單就努力這點來說，最起碼是跟他們從礦山挖掘出礦石差不多同樣艱苦。

1938年，柏克萊的Seabarg博士和我發現了半衰期大約為20萬年的鎝的同位素。另外吳小姐和我在鈾的核分裂生成物中發現了同樣的物質。

砈的發現

第二個被發現的是砈。用1936年的那個小型迴旋加速器，照理說無法造出砈。直到有更大的迴旋加速器，我們才能夠造出能量夠大的阿爾法粒子，把它打進鉍的原子核裡面去。

阿爾法粒子有兩個質子和兩個中子。假如將兩個質子打進鉍的原子核——它有83個質子——就可以造出85個質子的砈。事實正是這樣。先將氦原子的電子趕出，使它變成阿爾法粒子。然後將其送進迴旋加速器內加速後，再去撞擊鉍的原子

核。如果阿爾法粒子順利進入鉍的原子核，兩個中子便會被彈出去而剩下砈的原子。當然還需要用化學方法去確認它。

這項工作比發現砈輕鬆得多。砈像碘，有昇華性。所以把被阿爾法粒子照射過的鉍加熱，砈就會昇華而分離出來。當然在1940年發現它的時候的實驗並不像現在說的這麼簡單。

如果把碘放進容器加熱，昇華出來的碘的蒸氣會集在白金板上。砈也可以用這個方法。把阿爾法粒子照射過的鉍小片——含著微量的砈——放進容器加熱，那麼跟碘一樣，砈也會昇華。砈雖然看不見，可是有放射能，可以用蓋氏計數器證明它的存在。

我們把它叫做「砈，Astatine」的理由是這樣的：原來鹵族元素的名字是表示它們的性質的。如氯（chlorine）是「綠色」、溴（bromine）是「臭味」、碘（iodine）是「紫色」的意思。不管怎麼處理，總是無法使砈成形並使我們看得見它。它沒有什麼氣味，除非去檢出它的放射能之外，沒有其他方法去捉摸它。所以把它叫做「砈，Astatine（不安定）」。

砈的化學性質很像鹵族元素，尤其最像碘，所以尚未發現它的時候把它叫做「擬碘」。它在生理學上的作用也跟碘相似，都會集中於人體或動物的甲狀腺上。

鉅的發現

元素週期表上空白的第四種元素的原子序數為61。它名為「鉅，Prometium」，是希臘神話中提旦族的英雄Prometheus的名字，他為了人類，從神的手中盜取火種。

鉅不是用迴旋加速器而是在原子爐中發現的。化學上的確認是在1945年，由Oak Ridge國立研究所的Grendenin、Marinski

和Collaiwed三位科學家完成。

鉅是「稀土類」的一種，所以跟其他稀土類，即跟鑭系元素很相似。硝酸鉅是一種沒有任何特徵的粉末。

4種空白的元素原則上可以說都不存在於自然界。它們都有放射性，非常不穩定。

以實用的立場看，它們都沒有什麼利用價值，或只有一點而已。以研究原子或原子核的構造的立場來說，它們很有趣而且很重要。

超越鈾的元素

4種「空白」元素的發現，使得元素週期表至鈾為止總算齊全了。但是事實上，元素週期表的完成，只不過是向著要煉出新物質而踏出的第一步而已，以後所獲得的成果才是值得歌頌的對大自然的勝利，它帶給世界很大的影響。

元素週期表上超過鈾的那一邊是原子序數比92大、帶著放射能的元素。其中一、兩種在地球上雖然有，只是非常微少。其他可以說完全沒有，只有用合成的方法才能造出來。

事實上，比鉍及鉛還重的元素都有放射能，不斷地在衰變。所以再經過長久的時光後，地球上最重的元素可能是鉍和鉛吧！因為在未來，比它們重的元素，釙、氡、鐳、錒、釷、鏷、鈾都會完全消失。這些元素還存在著的事實就是，表示地球的年齡還有限的證據之一。依據估計，現在地球大約是50億歲。

超過鈾的元素一個比一個更不穩定。如94號鈽的同位素，鈽239的半衰期是24000年，可是原子序數為101的鍆的半衰期只

H																	He
Li	Be											B	C	N	O	F	Ne
Na	Mg											Al	Si	P	S	Cl	Ar
K	Ca	Sc	Ti	V	Cr	Mn	Fe	Go	Ni	Cu	Zn	Ga	Ge	As	Se	Br	Kr
Rb	Sr	Y	Zr	Nb	Mo	Tc	Ru	Rh	Pd	Ag	Cd	In	Sn	Sb	Te	I	Xe
Cs	Ba		Hf	Ta	W	Re	Os	Ir	Pt	Au	Hg	Ti	Pb	Bi	Po	At	Rn
Fr	Ra	Ac	Th	Pa	U	93	94	95	96	97	98	99	100				

La	Ce	Pr	Nd	Pm	Sm	Eu	Gd	Tb	Dy	Ho	Er	Tm	Yb	Lu

有30分鐘。

超鈾元素的探求

這個元素週期表是二次大戰前科學家們正努力想造出比鈾重的元素的時期確定的。鎝（Tc）、鉕（Pm）、砈（At）、鍅（Fr）是以後才獲得了名字或被發現，為了方便，在表上也把它們寫出來。

鑭及「稀土類」元素跟現在一樣，放在鋇和鉿的中間。可是已知的最重的三種元素──釷、鏷、鈾排在鋼的後面，被認為各自跟鉿、鉭、鎢有很大的關聯。所以由此推想，鈾後面的93號元素一定跟錸的化學性質相似。同樣94號到100號的元素也被認為應該像這個元素週期表那樣排列。

製造比鈾重的元素這份工作，由Fermi、Segre及他們的協同研究者們開始著手。1934年，他們在義大利用中子照射鈾。然後分析結果，發現許多放射性物質。看起來它們應該具備的化學性質，好像跟當時的元素週期表上94號和96號的元素有一點相似。

● Edwin M. McMillan

可是由於後來的研究，尤其是1938年，Offo和Strasman等由原子核分裂的發現，知道了Fermi和Segre的解釋不對。就是發現Fermi和Segre的實驗所產生的放射性生成物其實是碘、錫等更輕元素的放射性同位素。

頭一個發現原子序數比鈾大的元素的是現在勞倫斯研究所所長McMillan和Eberson。1940年他們也用中子照射鈾，在它的生成物中第一次確認了93號元素。我們請McMillan博士來說明他們發現這個元素的經過吧。他因為這件事和其他有關的發現，1951年和Seaborg博士一起得到諾貝爾化學獎。

錼

頭一個超鈾的故事是從美國剛收到有關原子核分裂這個大發現的消息時開始的。

聽到消息的人個個都非常興奮。所有的人都開始研究有沒

有什麼簡單的實驗可以發現有關的東西。

由核分裂生成物的測定發現

我想到而且可行的實驗是測量鈾原子分裂時，它的碎片在物質中能夠飛多遠。

為了這個實驗，我在紙上塗了一層氧化鈾的薄膜。在那張紙下面放好幾層不容易化合的薄層材料，以便接住鈾分裂時產生的碎片。我用普通的香煙紙做接住碎片的材料，把它折疊成像一本小書，在上面放那張氧化鈾的薄膜紙。再把這本上面有氧化鈾的香煙紙書放進迴旋加速器，用中子撞擊它。被中子撞擊後，一部分的鈾原子發生核分裂。而碎片會跳進書中，各自停留在不同深處。

剩下的工作是把紙張分開，用蓋氏計數管量各張紙的放射能。這是任何人都想得到的簡單實驗。當然我得到了我想要的結果，同時也得到一個副產物，而那個副產物反而帶來比實驗本身的結果更重要的成果。

這個成果是，最上面的那張紙帶有放射能，而那些放射能的半衰期和性質，都跟下面的紙張所接住的核分裂生成物不一樣。

這是什麼意思？核分裂生成物都統統飛掉了，為什麼留下那些特殊的放射能呢？

可想到的是，可能發生了什麼別的過程。我們可以假定鈾原子捉住一個中子，因此它沒有分裂。其實以前就知道有這種過程，而且在紙上也發現過那種放射性鈾。但是也發現具有還不知道半衰期的其他種放射能。我想到它會不會是由放射性鈾的衰變產生的新元素所發出來的放射能？

錼的發現

我根據這個想法研究下去，想探知這個未知放射能的物質到底是什麼。我請剛好到柏克萊度暑假的老朋友，又是老同僚的卡內基研究所的Eberson幫忙。他答應參加我們的研究，結果將他的暑假變為辛苦的假期。我們協力追求留在最上面那張紙的放射能的本質，終於證明它的化學性質跟當時所知道的任何物質都不同。它就是原子序數為93號的元素「錼」。下頁照片是放在銀幣大小的玻璃瓶裡的錼。

錼的名字取自海王星，是取自行星名字的第二個元素。鈾是1789年取8年前發現的行星天王星的名字。

我們發現錼有料想不到的性質，所以元素週期表有修改的必要。當然那個時候已經知道應該有比鈾多一個質子的元素存在。這個新元素的性質被認為一定按著元素週期表的規則跟錸相似。當時的元素週期表上，93號元素排在錸的正下方。因為是同一直列的元素，所以認為當然有相似的性質。

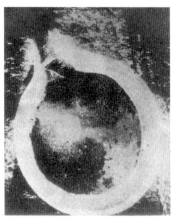

●用銀幣大的玻璃瓶裝的錼

可是我和Eberson發現鎿跟錸一點都不相似。鎿倒是跟鈾相似。事實上它們之間的差異只有一點點而已。由這個事實，元素週期表上最重的元素的排列需要大大地修改。

指向94號元素

Eberson博士回去之後，我繼續努力去發現94號元素。

發現鎿的紙張上面為什麼還有別的元素？答案很簡單，鎿的原子核會放出一個電子而衰變。放出一個電子之後，一定會有一個中子變成質子，所以原子核會多出一單位的正電荷。元素93號多了一個質子，當然就變成原子序數為94的元素。因此，我們知道一定有94號元素存在。問題是如何去發現它。

我們認為這個元素不會放出電子，它會放出阿爾法粒子而衰變。那麼用我們當時的方法去檢驗它的放射能有許多困難。我們從化學方面去研究這個問題，相信發現了阿爾法粒子。可是剛好那個時候，美國參加二次大戰，而且我本身也參與雷達的開發，致使無法完成這項研究。因此這項研究就由Seaborg博士繼續完成。

鈽的發現

94號元素的研究由Seaborg、Wall、Kennedy和Segre繼續進行。他們使用柏克萊的60英寸迴旋加速器，不用普通的中子而用重質子——一個質子和一個中子的重氫原子核——去撞擊鈾。結果他們第一個造出了94號元素的一種同位素，並且也確認了它。這個元素是在鎿的後面，海王星再過去就是冥王星（Pluto），所以把它叫做「鈽，Plutonium」。下頁照片是第一

119

次造出時用眼睛看得見的分量的標本，只有針尖大小，現在把它固定在塑膠圓筒內留作紀念。

　　如將鈾的原子核看成一堆黑棋子（質子）和白棋子（中子），就容易說明關於這個問題的原子核反應。

　　McMillan和Eberson給鈾的原子核加一個中子，造成不穩定的鈾原子核。它開始衰變的時候，原子核中的一個中子會放出一個電子，然後本身變成質子，由此變成93號元素「錼」。接下來再一個中子也放出電子變成質子時，就變成了94號元素「鈽」。

　　用原子核子物理學的記號把這一連續的原子核反應記述下來就成為下式：

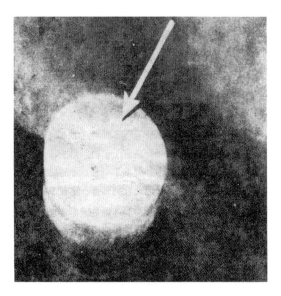

● 固定在塑膠圓筒上的鈽

$$_{92}U^{238} + {}_0n^1 \longrightarrow {}_{92}U^{239} \xrightarrow[e^-]{} {}_{93}Np^{239} \xrightarrow[e^-]{} {}_{94}Pu^{239}$$

也就是說，鈾238吸收一個中子成為不穩定的重鈾同位素鈾239。鈾239放出一個電子成為錼239。再放出一個電子之後就變為鈽。

因為中子沒有電荷，只有一單位的質量，所以它的記號寫成$_0n^1$。e的右上方的負記號表示放出一個電子之後，原子核會失去一單位的負電荷，反過來說就是多出了一單位的正電荷。

用重質子照射，頭一次造出鈽的反應可以如下表示：

$$_{92}U^{238} + {}_1H^{293} \longrightarrow Np^{238} + {}_0n^1$$
$$_{93}Np^{238} \xrightarrow[e^-]{} {}_{94}Pu^{238}$$

在這個場合，重質子（重氫原子核）用$_1H^2$的記號表示。H是氫的化學符號，左下角的1是一單位電荷，右上角的2是質量數2單位（一個質子和一個中子）。

鈽的原子核分裂

鈽的同位素當中最重要的是鈽239。因為這個同位素被速度慢的中子撞擊時會產生原子核分裂。也就是說，可以利用於原子能及原子彈。

證明鈽被速度慢的中子撞擊會產生原子核分裂的實驗，早在1941年，用柏克萊的迴旋加速器做過。這種實驗也可以用鐳和鈹的混合物代替迴旋加速器以小的規模去做。這時用接在電離箱的示波儀（Oscilloscope）檢出核分裂的結果。電離箱跟蓋氏計數管一樣是檢驗放射能的裝置，裡面密封著正電極、負電

極及氣體。荷電粒子飛進電離箱的話，被那些粒子撞到的氣體原子會被奪去一個電子，變成離子（這時原子本身多一單位正電荷，是正離子），而那些離子會被一個電極（負電極）吸引而在箱內產生電流。把那些電流增強後導入示波儀，在螢光幕上現出亮線。

將會核分裂的鈽239放進電離箱，由它本身的放射能放出的阿爾法粒子，示波儀上面會出現很小的瞬間波動。再把中子源放在電離箱的下面，在示波儀上偶而會出現大而亮的瞬間波動。它表示速度慢的中子撞到鈽239引起核分裂的結果會產生很大的能量。

證明了鈽有這樣重要的性質後，剩下的問題是如何大量生產它。因此許多化學家、物理學家、生物學家被請到當時設在芝加哥大學的著名的戰時「冶金研究所」去研究那個問題。在那裡，物理學家們在已故的Fermi的指導下實現了對鈽的大量生產，由天然鈾和黑鉛所產生的原子核連鎖反應。

一方面，化學家們也研究出從連鎖反應所產生的高放射能核分裂生成物中或作為原料的鈾中分離出鈽的方法。

超微量化學裝置

在這個化學問題中有趣的一件事是，實驗材料的鈽只有大約一百萬分之一克，幾乎看不見。實驗時，需要將它溶於微量溶液，差不多一滴水的量。所以需要製造適合於這樣微量材料的袖珍實驗裝置。他們造了許多像玩具一樣的試管、蒸餾瓶、天平、離心機等等。尤其是天平的橫樑及吊秤盤的繩用的是比頭髮還細的石英纖維。為此，科學家們有時候開玩笑說，他們是在用看不見的天平去量看不見的東西。

用那些超微量化學裝置，Canningham和Warner瞭解了鈈的化學性質，同時也稱了前面那張照片中的鈈重量。有多重？大約一百萬分之一克。這種超微量化學裝置的實驗是為了檢驗華盛頓州Hartpord用核分裂連鎖反應造出的鈈分離的化學方程式而做的。那個方法是以磷酸鉍做單體物質，由Thomson設計，同時裝置的大部分也由他製造。

三種核燃料

容易引起核分裂的物質就是核燃料，共有三種：鈈239、天然的鈾235和合成的鈾同位素鈾233。鈈是將鈾238放在原子爐內用中子照射而成的。用中子照射90號元素釷並經過跟鈈同樣的過程就會造出鈾233。

天然的鈾235在天然鈾中只有一百四十分之一。用大戰中在田納西州Oak Ridge實驗的那種方法可以把它分離出來。

下面，我們將要談及1944年左右開始的新元素的探究。有些非常重要的理論上的障礙在後面等著我們突破。

突破難關

從1944年開始，Seaborg、James、Morgan等人在芝加哥大學的冶金研究所繼續研究原子序數為95和96的元素。事實上，要證明被造出來的物質是否真的是新元素，比造出新元素困難許多。

Seaborg和他的協助者們做了許多認為可以造出95和96號元素的實驗。他們做了繁雜而冗長的化學處理，努力去分離並確認那些顯微鏡下才看得到的微量，且沒有保證一定存在的新物

質。

去找可能存在的東西，需要有依據。也就是說，需要知道在什麼地方，用什麼方法去找。這種想法決定以後如何實驗的方針。

元素週期表的訂正——錒系列

如元素週期表沒有錯誤，它會教我們怎樣去找。依據1944年的元素週期表，表示鈾、錼和鈈是化學上的表兄弟，但是真實的血緣關係還是不分明。他們以為原子序數為95和96的元素可能跟它們相似，亦即它們在一起可能構成鈾系元素。

所以，根據1944年的元素週期表，元素95和96號的化學性質一定跟錼和鈈很相似才對。可是這種想法是不對的。根據這種假定所做的實驗樣樣都失敗，總是找不到95和96號元素。

到此，Seaborg開始想，會不會把那些比鈾重的元素在元素週期表上放錯了地方。前些時McMillan曾發現過錼與預期不同，完全跟錸不相似。那麼，現在找不到95和96號元素的原因，顯然是它們在元素週期表上的位置不對。

Seaborg的想法是，比鈾重的那些元素很可能跟「稀土類」

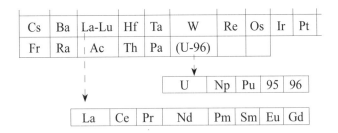

La	Ce	Pr	Nd	Pm	Sm	Eu	Gd	Tb	Dy	Ho	Er	Tm	Yb	Lu
Ac	Th	Pa	U	Np	Pu	95	96	97	98	99	100	101	102	103

就是鑭系元素一樣構成著另外一個系列。鑭系元素的化學性質都非常相似，所以通常都排成一行位居元素週期表上主要部分的下面。

假如是這樣，那麼比鈾重的元素應該全數排在元素週期表上鈾的後面才對，好像鑭系元素都在鋇和鉿的中間那樣。所以在修改後的元素週期表上，最重的元素群被視為第二種「稀土類」集中在一起。那些重元素群——後來被叫做「錒系元素」——被排在跟已知的鑭系元素相對的下方位置上。

錒系元素前面幾個元素跟鑭系元素中相對的元素的化學性質非常相似。化學反應時，錒系元素比鑭系元素容易放出電子、容易氧化。根據這個想法，元素95和96號應該具有跟錒相似的性質，同時也應該跟稀土類的銪和釓的性質相似才對。

95～98號元素的發現

根據這個新的想法重新設計實驗，結果95和96號元素很快就被發現——就是說用化學方法確認它們。

為了向美國表示敬意，同時也為了95號元素的相對稀土類元素銪（Europium）的名字取自歐洲（Europe），95號元素命名為鎇（Americium）。為向居里夫妻致敬，96號元素命名為「鋦，Curium」。它的相對稀土類元素釓的名字取自Finland的稀土類化學家Gadolin。

根據相同的想法，推想97和98號元素的化學性質，

Thomson、Ghiorso、Street、Jr. Seaborg等在1949和1950年陸續發現這兩種新元素。同時還證明了它們也跟相對的稀土類元素相似。

為了向柏克萊致敬，97號元素叫做「鉳，Berkelium」。它的相對稀土類元素鋱的名字取自發現它的地名瑞典的Ytterby。98號元素跟它的相對稀土類元素鏑雖然相似，名字卻沒有什麼關聯，只不過是取研究所所在地的加州和加州大學的名字為名，叫做「鉲，Caritornium」。發現鉲的科學家們說，「如硬要跟鏑套上關係，只好這樣說吧。鏑，dysprosium是希臘語『難於到達』的意思，一個世紀前正在找其他元素的科學家們覺得要到加州非常困難。」

以上的新發現都證明Seaborg的想法正確。現在所有的超鈾元素，包括鈽、鎿、鈾都叫做錒系元素。它們都排在錒和「擬鉿」的中間。「擬鉿」是給尚未發現的104號元素的臨時名字。它是排在鉿的正下方，被認為可能跟鉿相似。

錒系元素的原子構造

錒系元素的化學性質都很像錒的這個事實，使我們想起另一個事實。那就是，元素的化學性質實係由原子核周圍的電子數所決定。因此大部分的錒系元素的最外側電子軌道上的電子數自然應和錒一樣！

當然每一種元素的電子數都不會一樣。但是在錒系列一個一個地加上電子，而成為更重的元素的時候，加上去的電子並不是加在最外側的軌道，而是加在內側叫做5f軌道的電子軌道上面。

●裝在銅幣大的玻璃瓶內的鎘氧化物

鋼的大概模型是，原子核周圍一共有89個電子整齊地排在幾個軌道上。鋼後面的14個元素都按順序增加一個電子。那些增加的電子大體上都在5f軌道上。例如鋼的後面第7個元素是96號元素鋦，它比鋼多7個電子，都在5f軌道上。到了第14個元素103號鐒時，5f軌道上就會有14個電子宣告滿座，同時鋼系列也宣告完成。

物的玻璃瓶，只有銅幣大小。這麼一點點已經很不得了了。因為鈈後面的元素越來越不穩定，造法越加困難，而所能造出來的量也越少。下面的試管裡面有少量的鎘溶在液體中。它的放射能非常強，所以單靠它本身的亮度就可以拍照。

照片上是裝著鎘的氧化對於更重的元素，通常是塗在白金板上再用蓋氏計數管檢出它的放射能，因為能造出來的量太少，只好這樣。事實上，至寫這本書為止，還沒有一種比鎘重的元素所造出來的量可用肉眼看得見。1958年7月在柏克萊首次單獨分離出可以測其重量的鎘，大約一億分之一克。

● 含著微量的鍋而發光的溶液，裝在試管內

色層分析法的應用

發現錒系元素很像稀土類元素對確認它們的工作很有幫助。錒系元素，如鈈或鈽可以利用成功分離稀土類元素的方法。這個方法是離子交換吸收分離法，一般叫做「色層分析法，Chromatograph」。

名字聽起來有一點陌生，可是方法本身非常簡單。用其他元素，如鈷和鉻來做實驗。做一個裝著像樹脂那種有機物的圓筒，在圓筒頂部吸收些兩種元素的混合物。再從圓筒上面倒進會溶化那些混合物的溶液，那麼混合物被溶化後會自圓筒流下來。

這時，兩種元素中重的一種會比另一種流得快。所以在圓筒下面分別採集流出來的液體就可以把它們分離。照片所示的是比較輕的鉻還在管子上方大約三分之一的地方，而重的鈷已經在下方快要滴下來。

這種方法也可以用於錒系元素。不過問題是它們有放射

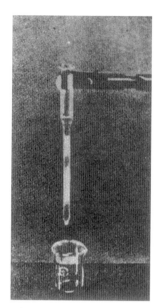

● 使用鈷和鉻所做的圓筒色層分析實驗

能，並且量也少得用眼睛幾乎看不見。

實地從鉻分離出鈈所用的裝置，是用玻璃套住淺黑色的樹脂圓筒。玻璃套內通蒸氣以提高圓筒的溫度，使那些過程的進度加快，所想要的元素會從圓筒下面一滴一滴掉下來。在圓筒下面，用排在旋轉盤緣的白金板一滴一滴接住。

某種元素會摻在開頭的數滴出來，接下的數滴裡面是第二種元素。假如圓筒裡面還有元素的話，還可以接住第三、第四種元素。將那些液體分別集在一處就可以分離出各種元素。比鍋重的元素都是用這種方法做化學性的確認的。

如果跟鑭系元素所做的同樣實驗對照，甚至能夠預知新元素大概在第幾滴的液滴中。因為鑭系元素通過離子交換圓筒時

● 分離超鈾元素所用的色層分析裝置

所呈現的化學現象跟鑭系元素非常相似。

一方面使用錒系元素當中最重的9種（鎄到鐒）的混合物，另一方面使用鑭系元素最重的（到鉗為止）幾種的混合物來做同樣的實驗。使錒系元素和鑭系元素各自通過兩個離子交換圓筒，記錄各元素通過圓筒的時間。

結果就是134頁的圖表。依據圖表，鑭系元素中最先通過圓筒出來的是最重的鐒。接下來就是鎄、鉲、鉲等，均按著由重到輕的順序。

134頁的圖表所記錄的是滴下來的液滴的號碼。假如混合物中有102及103號元素的話，它們一定會先滴下來。用波折線

表示它們可能占據的位置。實驗的時候還沒有102及103號元素，所以最先滴下來的是鍆，接著滴下來的是鐨、鑀，也是按重量由重到輕的順序。

在任何場合，鑭系元素中的某種元素通過圓筒所需的時間跟鋼系元素相對的元素所需的時間完全一致。譬如說，鋱出來之後到接下去的釓出來有一段時間間隔，同樣跟它們相對的鉳跟鋦的出現時間的間隔一樣長。

原子核反應的化學式

接下來將鋦、鎇、鉳、鉲被造出來時的核反應寫下來，關於那6種元素的故事就完結了。

鎇是使鈈吸收中子而造出來的。

$$_{94}Pu^{239} + _{0}n^{1} \longrightarrow _{94}Pu^{240} + _{0}n^{1} \longrightarrow _{94}Pu^{241} + _{0}n^{1} \xrightarrow{e^{-}} _{95}Am^{241}$$

就是說，鈈吸收了一個中子而加重，再吸收一個中子而更重，然後放出一個電子，也就是說，一個中子變成質子，結果變成新元素鎇。

其他3種重元素是用氦原子核撞擊而造出來的，全部都有兩個質子和兩個中子加進它們的原子核。因此原子核的正電荷增加二單位，同時一個或兩個中子會被彈出去。

用氦的原子核撞擊鈈先造出鋦：

$$_{94}Pu^{239} + _{2}He^{4} \longrightarrow _{96}Cm^{242} + _{0}n^{1}$$

用氦原子核撞擊鋦造出鉳：

$$_{95}Am^{241} + _{2}He^{4} \longrightarrow _{97}Bk^{243} + 2_{0}n^{1}$$

鋦以同樣方法變換成鉲：

$$_{96}Cm^{242} + _{2}He^{4} \longrightarrow _{98}Cf^{245} + _{0}n^{1}$$

各元素的出現量

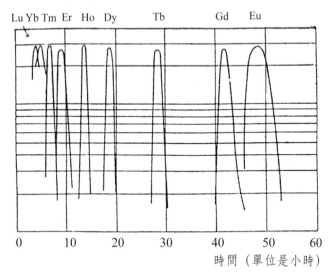

Lu Yb Tm Er Ho Dy　Tb　Gd　Eu

0　10　20　30　40　50　60

時間（單位是小時）

各元素的出現量

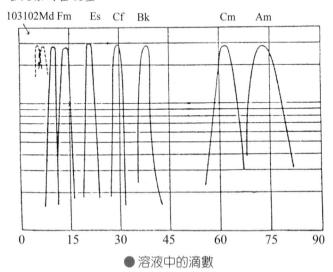

103 102 Md Fm　Es　Cf　Bk　Cm　Am

0　15　30　45　60　75　90

● 溶液中的滴數

核分裂連鎖反應

發現原子核分裂對最近的核化學和核子物理學的發展有了很大的影響。

我們只要好好控制鈈239及鈾的重要同位素鈾233和鈾235等的連鎖反應就可以使它們產生原子能量。那些能量可以用於發電及生產方面。

製造原子能量的裝置叫做原子爐。某一型的原子爐,由天然鈾造出來的一群核燃料要素構成它的心臟部位。天然鈾有兩種,一種是會核分裂的鈾235,另一種是不會核分裂的鈾238。

假如中子撞擊鈾235的原子核,會產生核分裂,鈾235的原子核會裂成兩片。被分割的碎片(核分裂生成物)就是帶有放射能更輕的元素的原子核。當鈾235的原子核分裂的瞬間,同時會放出2、3個中子。那些中子再去撞擊旁邊的鈾235的原子核又引起核分裂。連鎖反應就是這樣產生的。

但分裂放出的中子速度太快,這樣不容易被鈾235的原子核吸收,反倒會被不會核分裂的鈾238吸收。所以必須使它減速。這就需要裝上黑鉛等「減速劑」。下面的圖說明一個中子陸續跟碳原子衝突速度減慢,最後撞上鈾235原子核的過程。

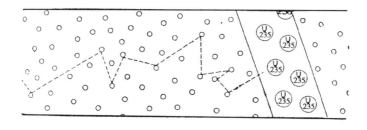

中子撞進鈾235的原子核使其分裂，同時放出2、3個中子。被放出來的中子經過同樣的減速過程撞進其他鈾235的原子核再產生核分裂，再放出更多的中子。

原子能發電

分裂成兩片的鈾235會以非常高的速度在燃料池中飛馳。因為摩擦，飛馳的速度會減慢，像汽車的剎車因為摩擦產生熱一樣，它本身的運動能量會轉變成熱。原子爐就是這樣獲得熱量的。

下面照片是芝加哥附近的原子能發電廠的模型。用這模型說明利用鈾235的連鎖反應製造動力的機構。上面有起重機，

● 在芝加哥附近的原子能發電廠模型

下面有水泥覆蓋著的原子爐。用起重機將棒狀的燃料垂直地插入原子爐。

這個特殊的原子能發電廠只用水做減速劑。由鈾235的核分裂產生的熱會使水沸騰。由沸騰產生的蒸氣被導至普通的蒸氣渦輪，使發電機回轉產生電。能量源除原子爐以外，其他的機器都跟普通發電廠沒有兩樣。

某種原子爐會產生很重要的副產物，就是會造出比所使用的燃料還多的燃料。

被控制好的連鎖反應在繼續期間，所放出的中子的一部分會被不會核分裂的鈾238吸收。鈾238吸收了中子會變換成同位素鈾239。鈾239會放出電子而衰變，最後再變換成鈈239。

用化學方法將那些鈈239分離出來之後送到其他原子爐當燃料使用。核燃料鈾233也可以用同樣的方法製造。這時，普通的釷（釷232）吸收一個中子變換成釷233。釷233也會放出一個電子，衰變而成鈾233。

原子雲中的發現

元素99和100號的故事在南太平洋發生。1952年11月在那裡發生了駭人聽聞的大爆炸。那是第一次氫彈實驗，利用核分裂連鎖反應使熱核融合發生。這個爆炸在島上造成了直徑1英里的大洞，出現了直徑100英里、高度10英里，帶著放射能的巨大雲塊。

電波操縱的無人飛機飛往那雲塊中蒐集標本，分析生成物的材料以便知道爆炸時發生了什麼。在實驗室發現的是非常異常的科學產物。科學家們發現裝在氫彈裡頭的有些鈾原子竟吸收了17個中子之多！鈾正常的重量是238，可是氫彈爆炸後有

些鈾原子的重量變成255。

那些極重的鈾原子陸續放出電子逐次變換成重鈾同位素。其中也有99和100號元素的同位素。那些一連串的反應，略去中間部分的關係式是：

$$_{92}U^{238} + _0n^1 \longrightarrow _{92}U^{239} + _0n^1 \longrightarrow _{92}U^{240} + _0n^1 \cdots\cdots$$

$$_{92}U^{255} \xrightarrow[e^-]{} _{93}Np^{255} \xrightarrow[e^-]{} _{94}Pu^{255} \xrightarrow[e^-]{} _{95}Am^{255}$$

$$\xrightarrow[e^-]{} \cdots\cdots _{99}Es^{255} \xrightarrow[e^-]{} _{100}Fm^{255}$$

● 1952年11月在Eniwetok環礁
舉行的第一次氫彈實驗

為了向愛因斯坦和Fermi致敬，這兩種元素中的99號叫做「鑀，Einsteinium」，100號叫做「鐨，Fermium」。它們是從氫彈爆炸時所產生的龐大塵埃中分離出來而被發現的。

開始是將無人飛機上的濾紙所吸收的物質用化學方法分離出來。為了蒐集更多量的新元素，從事這項實驗的科學家們還要處理從現場蒐集的好幾噸的珊瑚。

50年代大部分的研究，跟99號和100號元素的發現一樣，都是團體合作的成果。

利用原子爐生產超鈾元素

尚有別的方法可以製造鑀和鐨的同位素。其中一種方法是利用原子爐造出照射用的中子強流。將要被照射的標本放進愛達華州的「材料試驗爐」的原子爐中心。下頁的照片是那種原子爐的模型。

把要被照射的材料造成小圓筒。那是用鉛套住的鈈金屬和其他金屬的合金。把材料造成小圓筒的理由是，可以使筒內由核分裂反應所產生的熱便於吸收。

在原子爐內，鈈的一部分會吸收中子衰變而成為鋂。鋂再吸收中子，衰變而成為鋦。這樣逐次反覆吸收、蛻變而成為更重的元素。這些一連串的反應是：

$$_{94}Pu^{239} + _0n^1 \longrightarrow _{94}Pu^{240} + _0n^1 \longrightarrow _{94}Pu^{241} + _0n^1 \longrightarrow$$
$$_{94}Pu^{242} + _0n^1 \longrightarrow$$
$$_{94}Pu^{243} \longrightarrow _{95}Am^{243} + _0n^1 \longrightarrow _{95}Am^{244} \longrightarrow$$
$$\quad\quad\quad\ e^- \quad\quad\quad\quad\quad\quad\quad\quad\quad\quad e^-$$
$$_{96}Cm^{244} + _0n^1 \longrightarrow _{96}Cm^{245} + _0n^1 \longrightarrow \cdots\cdots$$

● 在愛達華州的材料試驗爐模型

　　製造重元素的這兩種方法的基本差異只是時間的問題。熱核融合鈾的場合，反應在只有一百萬分之一秒的極短時間內發生。鉳的小圓筒的場合，鉳的原子核需要2年或以上的時間才會充分發生。各種同位素是這樣慢慢從鉳中造出來的。

　　這個時候，超鈾元素以外，還有無數由鉳的核分裂所產生的生成物被製造出來。這些放射性核分裂生成物都是比鈾輕的

● 用釙做的小圓筒
用中子照射它製造種種超鈾元素

元素的同位素。因為會產生這麼危險的放射能，所以從事這項工作要特別小心。

遙控的洞穴實驗室

綜上所述，需要建造一個像勞倫斯射線研究所「洞穴實驗室」那種特殊設計的新型實驗室。

在那個實驗室，研究人員站在很厚的射線防禦物後面利用遙控的機械手做必要的化學操作。洞穴實驗室有3個分開的金屬箱子，用兩隻手指的機械手在箱子裡面處理危險物。箱子被6英寸厚的鉛圍著，另外尚有9英寸厚的高密度鉛玻璃窗可以看

到裡面。

　　箱子是氣密的，各自可以調節氣壓和溫度。箱子裡面保持稍低的氣壓，以防萬一箱子洩漏時，只會從外面湧入空氣，而裡面的物質不會流出來。

　　機械手對熟練的實驗技術者來說，等於是他們手指的延長，非常方便。抓住試管移到別的地方，給瓶子蓋木栓，倒溶液，操作電燈或夾子，甚至用布拭乾撒在箱底的溶液等，都運用自如。

　　這些裝置都是為了分離如鋦、鉳、鐯那種罕有、微量的合成元素而設的。這些微量物質跟大量的高放射性核分裂生成物一起，在中子照射過的釙小圓筒裡面。

超鈾元素的大量生產

　　1956年10月，著手大量生產較重的合成元素。這項工作已將所需要的一連串的化學操作預先做好了詳細的研究、設計。同時，化學家們進行了好幾個月，以機械手操作小圓筒的類比練習。

　　10個小圓筒被放進原子爐，用中子不斷地照射2年。然後用鉛做的容器把它們裝好空運到柏克萊。將那些容器運入與外界嚴密隔絕的洞穴實驗室，非常慎重地慢慢移到前面說過的金屬箱子的下面。然後把實驗室的門關起來，開始從外面遙控操作。第一個操作是打開金屬箱底部的入口。然後將比同重量的金貴好幾千倍的小圓筒從容器中取出，把它吊上，放進上面的金屬箱。

　　用機械手將第一個圓筒抓出來放進鹼溶液中。小圓筒受了溶液的作用，一部分會溶化。將那些深灰色的液體倒進聚乙烯

的蒸餾器擱在一邊，其他9個小圓筒全部被溶化。然後將10個小圓筒溶化後的深灰色液體放進圓錐形的玻璃容器，再把它放在離心機裡面。離心機以每分鐘1,500轉的速度迴轉。受了離心機的作用，成為水氧化物的重元素會集在容器的底部。

小圓筒套蓋的鋁和鈹等在核分裂時產生了許多放射性物質，需要先將超鈾元素從那些物質中分離出來。那些核分裂生成物包含著地球上大約半數的所有元素的各種同位素。

用離心機處理後，將圓錐容器上面較輕的液體除掉，再將剩下的較重液體放在離心機裡除去較輕部分液體。這樣反覆幾次提高較重元素的比率。儘量除去礙手礙腳的那些核分裂生成物的放射能。

將那些含著較重元素的沈澱物移到第二個金屬箱。各金屬箱由一種空氣閘門連接可以互相連通。第二個金屬箱用圓筒色層分析法分離元素。關於圓筒色層分析法，前面已經介紹過。將那些溶液倒進裝著有機物的圓筒內，重的元素還留在圓筒內時，溶液裡面還沒有被除去的核分裂生成物就會很快先通過圓筒出來。

將最後的標本接在白金製的計數板上，弄乾後用鼓動分析器檢驗。鼓動分析器是以各自的能量辨別從各種放射性元素放出來的放射線的裝置。這樣可以確認標本中元素的種類。鼓動分析器連接在大嵌板上的計量表或其他記錄裝置，每一個計量表會記錄各種元素的原子核衰變。

99號元素鑀就是計畫由1956年10月的那種小圓筒大量造出來。不過在前一年，用小規模的同樣方法造過鑀。為了要造101號元素，將那些鑀放進60英寸的迴旋加速器，用氫離子撞擊它。

●Albert Ghiorso和Bernard G. Harvey

　　為了發現101號元素「鍆」，科學家們需要先去練輕功。鍆的半衰期只有30分鐘，所以他們在實驗室中處處要跑步，不然就來不及了。1955年初，Ghiorso、Harvey、Thomson、Seaborg等人在Berkeley發現鍆，並確認它。

　　我們請Ghiorso、Harvey、Thomson等幾位來說明發現鍆的經過及造出新元素所使用的技巧吧。

追逐十七個原子

　　新元素鍆是用氦的原子核撞擊99號元素鑀造出來的。核反應很簡單，

$$_{99}Es^{253} + _2He^4 \longrightarrow _{101}Md^{256} + _0n^1$$

　　只要在迴旋加速器內被加速的氦原子核打中靶心就行了。靶心是很薄的圓型金箔，背面有電鍍的鑀，非常薄的一層，只有數億個原子程度的厚度。

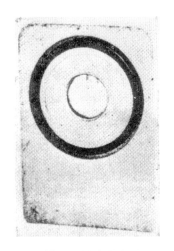

● 鍍了鑀的金箔靶心

　　假如有些鑀原子被氦原子核撞擊後變換成鍆的話，鍆會被氦原子核撞出靶心的金箔外，在第一個靶心後面再放一個靶心截住那些飛出去的鍆原子。

　　第一個和第二個靶心都固定在同一個架臺，放在迴旋加速器內會被阿爾法粒子撞上的地方。我們用加州大學柏克萊的60英寸迴旋加速器以氦原子核照射。

　　氦原子核一邊畫成螺旋形軌道一邊被加速。保持它們做旋轉運動的磁鐵非常強，假使把螺絲起子放在磁極中間，起子會直立不動，較重的鐵片也會懸掛於半空中。

　　使充分加速的氦原子核飛出迴旋加速器的時候，可以看到淺藍色的光線。下頁的照片是透過5英尺厚的水槽（迴旋加速器的窗門）所拍的。就是用那些氦原子流去撞擊靶心。假如順利，就會撞進靶心上鑀的原子核內，鑀原子核內的99個質子再

● 從60英寸迴旋加速器飛出來的強力氦原子核流。
水平向左的青白色光

加上2個而成為101個質子的鐒原子。

在實地的實驗——為了要錄影，我們重做了一次實驗——用阿爾法粒子撞擊靶心的時候，將迴旋加速器室整個關閉。Harvey和Ghiorso在裝滿水的門外，就是可以推動輪子的大水槽外面等著。

其實我們像在等著前所未聞的障礙賽的號令一樣。根據推想，在這一次的實驗中應可以造出一個或兩個101號元素。而我們需要在短短30分鐘內從幾十億個鑀原子中找出那1、2個101號元素。

信號一響，Harvey和Ghiorso馬上推開裝滿水的門，跑進迴旋加速容器室。Harvey盡快將那個架臺拿出來交給Ghiorso，Ghiorso把第二個金箔裝進試管跑過走廊，跳上樓梯，衝進臨時實驗室將試管交給Chopin。Chopin馬上把它放進溶液加熱，將金箔溶化。這樣造成了合金及其他幾種元素和我們所期待的鐒元素的液體。剩下必須的化學處理需要在離此一英里的射線研

究所做，所以Harvey在外面把引擎發動好，在車上等著。

　　既然得到了罕有且微少的101號元素——希望真的得到了，我們需要在它衰變之前把它分離出來。鍆的壽命非常短，差不多30分鐘後它的半量就會衰變成為鐨。鐨也很快自然地發生核分裂而再衰變。

　　載著貴重溶液的車子全速開往山上的實驗室。Harvey和Chopin拿著那些溶液跑進實驗室，Thomson在裡面已經將分離鍆所需要的裝置統統準備好，正等著他們。

　　將溶液倒進頭一個色層分析圓筒內先除去金。金會停在圓筒內，其他的元素都跟著溶液從圓筒下面滴出來。把那些溶液弄乾後重新溶化，再倒進第二個色層分析圓筒分離101號元素。將從圓筒下面滴出來的溶液一滴一滴個別接在白金板上。加熱弄乾後將白金板一個一個放進特別設計的計數管內。假如所有的溶滴當中有一滴含有鍆原子的話，在它衰變之前一定檢驗得

● 把溶液倒進色層分析裝置的
Stanley G. Thomson

● 將白金板上的溶液弄乾

出來。假如新元素的一個原子衰變而成為鐨的話，鐨會很快地發生自然核分裂，結果帶著高能量的核分裂碎片就會引起爆炸性的電離，所產生的電流則會使記錄表上的筆尖劇烈跳動，畫出和普通的衰變不同的線條。

這種難以捉摸的重元素有一點不太合邏輯的特徵，就是只有當它變換成其他元素的那一瞬間才能得到有關它存在的證據。這種現象正像只在付錢的時候才會算錢的人那樣。當他付錢的時候，他才知道他有那些錢，可是當他知道的時候，錢已經用掉了。

第一次實驗時，我們等了一個小時以上，筆尖才在記錄紙中間跳動了一下。這一條線就是表示，第一個鍆原子衰變的證據。

這些事在射線研究所算是一件大事，所以我們把計數管接上大廳的火災警報器，每一個101號元素的原子衰變都會使警報大響一下，好讓大家知道在原子核內發生了大事。可是，這種措施馬上遭到消防隊的干預，因此，不得不換個比較輕一點的信號。

　　開始時，每一次實驗，我們只得到一個鍆的原子。我們一共做了12次同樣的實驗，總共得到17個鍆原子。

　　下面的照片是第一次實驗的記錄紙，表示第一個鍆原子被確認的衰變情形。

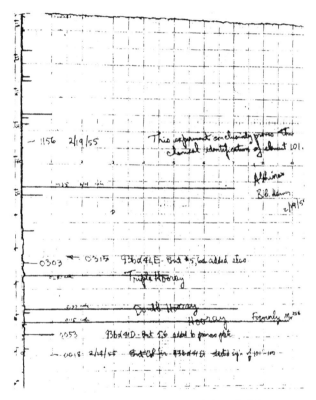

● 初次將鍆的衰變記錄下來的記錄紙

元素102號和103號

　　1951年斯德哥爾摩的諾貝爾物理學研究所發表說發現102號元素，並命名為鍩（Nobelium）。可是為了證明，它所做的幾次實驗都沒有成功。到了1958年4月，柏克萊的勞倫斯射線研究所才造出它，並且確認了它。它是用碳離子（6個質子）撞擊鋦原子（96個質子）而造出來的。用這種方法造出來的102號元素的同位素的質量數是254，半衰期只有3秒鐘。

　　那一次的碳離子是用柏克萊的新型加速器Hilac加速的。Hilac是取「重離子線型加速裝置，heavy ion linear accelerator」的頭一個字母而成的字。線型加速裝置跟使粒子旋轉而加速的回轉加速器或質子加速器不同，是使粒子直飛而加速的裝置。

　　當然原子核化學家們今後仍會繼續努力去造第103號元素。假使發現它，就有可能證明它的化學性質跟鑥相似。

　　103號元素在1961年，由Ghiorso等人在勞倫斯射線研究所發現。也是用Hilac將硼的離子（5個質子）撞擊鉲（98個質

● 柏克萊的重離子線型加速裝置（Hilac）

子）而造的。103號元素鐒（Lawrcium）是取自Arnest E.Lawrence的名字。

尚未發現的元素

到了103號元素，重量稀土類元素的鋼系列已告完整。

接下來的元素是104號，應該在鋼系列的後面。就是說應該排在跟鉿、鋯、鈦的同一直列，屬於同一族。同樣，105號元素的化學性質應該跟鉭、鈮、釩等相似。105號元素後面更重的元素一直到118號元素，可能都依這種順序排在同一橫行。

當然，實際上不太可能造出這麼多元素，因為元素越重，就越不穩定。

儘管如此，像104號和105號這樣程度的元素大概還有可能造出來。這些元素的半衰期可能還容許化學家們有時間去確認它們的存在。假如用非常複雜的方法，或許也有可能造出比104、105號元素更重的少數元素。

有什麼方法可以造出那些重元素呢？

跟合成102號和103號元素時的方法一樣，就是用重離子去撞擊。用我們所熟悉的重離子代替只有2個質子的氦原子核，譬如可以用氮原子核。氮原子核有7個質子，所以假如鋦的96個質子再加上氮的7個質子，就會成為103個質子的103號元素。或是用氖的原子核。用氖的原子核去撞擊鈽，鈽的94個質子加上氖的10個質子，成為104個質子的104號元素。例如，第一次造出102號元素時用的，就是鋦的96個質子加上碳的6個質子的方法。

於是幾處研究所都正在建造加速那些重離子用的加速器。

H																	He
Li	Be											B	C	N	O	F	Ne
Na	Mg											Al	Si	P	S	Cl	Ar
K	Ca	Sc	Ti	V	Cr	Mn	Fe	Co	Ni	Cu	Zn	Ga	Ge	As	Se	Br	Kr
Rb	Sr	Y	Zr	Nb	Mo	To	Ru	Rh	Pd	Ag	Cd	In	Sn	Sb	Te	I	Xe
Cs	Ba	La·Lu	Hf	Ta	W	Re	Os	Ir	Pt	Au	Hg	Ti	Pb	Bi	Po	At	Rn
Fr	Ra	Ac·Lr	(104)	(103)	(106)	(107)	(108)	(100)	(110)	(111)	(112)	(113)	(114)	(115)	(116)	(117)	(118)

Lanthanides	La	Ce	Pr	Nd	Pm	Sm	Eu	Gd	Tb	Dy	Ho	Er	Tm	Yb	Lu
Actinides	Ac	Th	Pa	U	Np	Pu	Am	Cm	Bk	Cf	Es	Fm	Md	No	Lr

●「Hilac」的內部和站在裡面的人

柏克萊的Hilac可以把氖離子或更重的粒子加速使它去撞擊靶心。這個加速器只不過是許多加速器中的一個而已。

上頁的照片是Hilac的內部，由此看得出這種加速裝置需巨大的真空部分（裡面都要保持高度的真空）。粒子在那樣的真空中飛馳而被加速。

能使用這種加速裝置就有可能造出更重的元素，同時也可以增加我們對原子及原子核本質的知識。這是科學家們一直在期望的。

四、我們的行星——地球

　　現在我們人類已經學會使用元素完成種種事業。可是跟我們的行星—地球的元素排列比較起來真是小巫見大巫。

　　譬如，某種元素非常豐富而某種元素卻非常稀少，元素的混合和化合的方式非常特殊，大氣中的元素不會跑到太空去等等這些事實，這些偶然的自然條件使我們的行星成為全宇宙中罕有的能夠產生生命，並使它們進化、生存的一顆行星。

　　下頁照片中所看到的墨西哥上空的雲，廣闊的太平洋，Texas的岩石山丘，這些東西都是全宇宙中可能再也找不到的特殊存在。

　　例如氧，只占著宇宙中所有物質的幾百分之一。可是在地球上，它卻占著雲及海重量的89%之多，還占著地殼重量的46%。整個地球當然是由元素構成的，元素就是構成所有物質的最基本的東西，地球上有好幾百萬種化學物質都是由元素構成的。

　　只要研究地球，我們就會知道元素在自然界中的作用是什麼，哪些元素多，哪些元素少，元素的分配究竟如何，元素如何維持生命等等。

地球的內部構造

我們研究從地球內部傳來的地震波而收到了很多關於地球內部的實像。我們知道地球可以分為三大部分：最外面的是厚度大約20英里或薄一點的地殼；地殼下面是由玄武岩質的岩漿所構成的中間層（Mantle），直到地球半徑的一半；中心部分叫做「核，Core」。

因為沒有直接證據，有關中心核的性質只好用推測的方法。從地球所影響到其他行星的引力效果，我們可以算出地球的重量，由此也可以算出中心核的重量。由地震波判斷，中心核呈現著液體的狀態，但是中心核的深處，中心部分好像是固體。種種事實使我們知道中心核由金屬隕石（隕鐵）構成，也就是跟我們的假說，中心核是鎳和鐵的想法符合。

中間層好像是由矽、氧和少量的鐵所構成。它的成分顯然跟從外面空間飛來的石質隕石很相似。

對我們來說，最外面的地殼、岩石圈及包圍著它的海和大氣，比地球內部更加重要。我們生活在這層很薄的外殼上面。人類雖然可以想盡辦法爬上地殼的最高處喜馬拉雅山，可是卻無法到達海中10,000公尺以下的深處，地下也只試挖了8,000公尺深的小孔而已。由於火箭技術的發達，人類終於能夠脫離地球引力的束縛，可是到目前為止，只不過是來回於離地球平均36萬公里遠的月亮而已。

● 從太空船上拍的地球的一部分

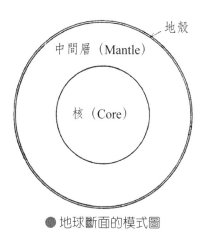

● 地球斷面的模式圖

構成地殼的元素

我們所居住的環境就是天氣層和海、陸地的表面，有時候把它叫做地球的生物圈。產生地球上的各種生物，並使它們生存下去的是地殼內元素的特殊配合。

什麼元素最多？對生命必需的是什麼元素？它們的分布如何？請看下面的表吧！

根據此表，氧、矽及其他6種元素占著地殼的98%以上。我們所熟悉的元素都分散在表上。鈾和鐵列在表的最後。

元素在地殼中的分布：

氧Oxygen	46.600%
鋁Alaminum	8.13%
鈣Calcium	3.63%
鉀Potassium	2.59%
矽Silicon	27.720%

鐵Iron	5.00%
鈉Sodium	2.83%
鎂Magnesium	2.09%
鈦Titanium	0.44%
錳Manganese	0.100%
硫Sulphur	0.052%
氯Chlorine	0.0314%
鍶Strontium	0.030%
鋯Zirconium	0.022%
釩Vanadium	0.015%
鎳Niccolum	0.008%
鎢Tungsten	0.0069%
氮Nitrogen	0.00463%
錫Tin	0.004%
鈮Niobium	0.0024%
磷Phosphorum	0.118%
氟Fluorine	0.06-0.09%
碳Carbon	0.032%
銣Rubidium	0.031%
鋇Baryum	0.025%
鉻Chromium	0.02%
鋅Zinc	0.0132%
銅Copper	0.007%
鋰Lithium	0.0065%
鈰Cerium	0.00461%
釔Yttrium	0.0028%

釹Neodymium   0.00239%

鈷Cobalt   0.0023%

鉛Lead   0.0016%

釷Thorium   0.00115%

鑭Lanthanum   0.00183%

鎵Gallium   0.0015%

一千分之一以下的元素：

鉬Molybdaenum	硼Boron
銫Caesium	鐿Ytterbium
釓Gadolinium	鉭Tantalum
鐠Praseodymium	鈥Holmium
鈧Scandium	銻Antimony
鏑Dysprosium	鉺Erbium
鉈Thallium	溴Bromine
鍺Germanium	銪Europium
釤Samarium	鈹Beryllium
砷Arsenic	鉿Hafnium
鈾Uranium	

一萬分之一以下的元素：

鋱Terbium	鎦Lutetium
汞（水銀）Mercury	碘Iodine
銩Thulium	鉍Bismuth
鎘Cadmium	銀Silver
銦Indium	

十萬分之一以下的元素：

硒Selenium　　　　　　　氬Argon

鈀Palladium

一百萬分之一以下的元素：

鉑Platinium　　　　　　　金Gold

氦Helium　　　　　　　　碲Tellurium

銠Rhodium　　　　　　　錸Rhenium

銥Iridium

一億分之一以下的元素：

氖Neon　　　　　　　　　氪Krypton

氙Xenon

釕Ruthenium（量不詳）

鋨Osmium（量不詳）

氫Hydrogen（分析岩石的結果不太一樣）

十億分之一以下的元素：

鐳Radium　　　　　　　　鏷Protactinium

錒Actinium　　　　　　　釙Polonium

氡Radon

錼Neptunium（微量，摻雜在鈾礦石內，受中子的作用而
　產生的）

砈Astatine

鉅Promethium（微量，由放射線衰變而產生）

鎇Americium　　　　　　鋦Curium
鉳Berkelium　　　　　　鉲Californium
鑀Einsteinium　　　　　鐨Fermium
鍆Mendelevium　　　　　鍩Nobelium
鐒Lawrencium

上面最後6種在自然界是不存在的。

氧和矽兩種元素占著全部地殼的四分之三，此事實令我們覺得非常意外。假如再加上摻雜在固體地殼裡面的水和空氣，氧、氫、氮的比率很可能會再上升。但是如加上生物體的物質和海中的礦物，比率可能不會有什麼變動，因為那些物質原本都是地殼中的物質。

知道了各元素比率的結果，我們看到一項明顯的事實，就是氧是構成適合人類生存環境的主要成分。自由氣體狀態的氧是生物不可或缺的元素。液體狀態的水（氫氧化合物）也是不可沒有的。其他還有無數固體含氧化合物。

跟氧相比，砸就少之又少，固體地殼裡面的砸全部集在一起，也不會超過1克。

空　氣

如要依著順序看地球上90多種天然元素的話，最好的方法是從外面空間漸漸接近地球去看。事實上，外面空間幾乎什麼都沒有。

在接近地球數千公里的地方，可能會遇到少數迷路的原子，也許是氧或氮。我們不知道大氣到底有多厚。從海面上開

始逐漸稀薄而最後成為真空，但是沒有明顯的界限。

直到地上100公里的地方算是到了大氣圈，可是空氣的密度（氣壓）只有海面上的大約一百分之一。在那裡有氧和氮的分子，也有它們個別的原子。

那些分子或原子當然都有重量，所以受到地球引力的作用，遲早會落下來。假使那些分子或原子不在運動中互相撞擊的話，空氣就會全部掉落在地面上。

大氣全部的重量大約有5,000兆噸，給地球上的人類平均分配的話，每一個人有150萬噸。它的半數在地面上6,000公尺的範圍內。大氣密密地包圍著地球，過濾著從太陽來的射線，到了晚上會保存太陽白天留下來的溫度。

空氣是各種氣體混合在一起的。乾燥的空氣裡面有78%的氮，21%的氧。剩下有不足1%的稀有氣體氬，0.07%的化合物二氧化碳及非常少的稀有氣體氖、氦、氪、氙等。

大氣中也有些水蒸氣，可是受各種條件的影響，水蒸氣的含量變動很大。

氧的重要性

空氣所有的成分中最重要的是氧。如果沒有氧，我們就無法呼吸，也無法生火。所謂燃燒是氧和可燃性氣體結合時所發生的化學反應。將空氣細流吹進石炭，瓦斯會跟瓦斯細流在空氣中燃燒那樣燃燒起來。

蠟燭的火舌中，蠟融化而蒸發，碳、氫和氧結合成水和二氧化碳。火舌明亮的原因是碳原子在火舌中被加熱放出光。前面已經談過燃燒中的蠟燭會耗費空氣中的氧，而氧耗盡了，火隨之熄滅。

　　空氣中的自由氧是陸上及水中的植物進行光合作用時所造出來的。植物的綠色部分利用陽光的能量將二氧化碳和水變換成氧和碳水化合物（糖、澱粉、植物纖維等）。

　　氧在光合作用的任何過程中都有作用。就是說在氣體的二氧化碳、液體的水、固體的碳水化合物裡面都有它。氧約占水重量的89%，而氧又是空氣中主要成分之一，可見水和空氣也有非常密切的關聯。

　　氧在空氣中以霧、雲、雨那種液體的狀態存在，一方面又相反地以氣體的形態溶於水中，供魚類呼吸。

　　氧的這種性質顯示元素結合後造出各種不同的方式、形態、味覺、感觸等。

海

　　地球上約半數的天然元素可在覆蓋著地球表面十分之七的海中找得到。大部分的礦物是全世界各地的河川每年好幾十億噸地帶進海中的。

　　1立方公尺海水（大約1,026公斤）中有各種元素，以下面的比率溶在裡面：

　　金、銅、釩、碘等大約40種元素，13克。

　　鍶，13克。

　　溴，65克。

　　重碳酸鈉（鈉、氫、碳、氧），100克。

　　硫化鉀，900克。

　　硫化鈣，1,200克。

　　氯化鎂，5,500克（其中有大約1,100克的鎂）。

食鹽（氯化鈉），27,000克。

因為有這麼多物質溶在海水中，無怪大海能養活大約8,000種的植物和大約20萬種的動物！

海所生產的東西

海不但每年供給我們大約3,000萬噸的魚類，同時還供給我們碘、溴、鎂等元素。當然鹽也是重要的產物。我們將海水引進淺灣內（鹽田），靠陽光使水蒸發而收穫剩下的鹽。

古代的希臘人、羅馬人、埃及人都知道這種方法。尤其在中國，早在西元前2200年就開始利用海水製造食鹽了。

另一方面從海水抽出鎂是最近才開始的生產業。今天在美國生產的所有金屬鎂都是從海水中提煉出來的。

每一立方公里的海水中有大約110萬噸的鎂。先將海水放進大水槽，再放進將貝殼燒成的生石灰就可以造出白色乳狀的鎂（這種鎂可以直接用做止瀉藥劑）。

由這些白色乳狀的鎂製造氯化鎂後，以電解方式把它分為金屬鎂和氯。金屬鎂的重量只有鐵的四分之一，所以廣泛被用於飛機工業。

海中還有豐富的其他元素。不久將來它們也會被採取加以利用。實際上每一立方公里的海水中有大約值2,300萬美元的金，是一個地地道道的金礦。不過很不幸的是，從海水中提煉金所需的費用可能比提煉出來的金本身的價值還高。

海水中大部分的元素——如蝦或蟹殼裡面的磷和矽、蝦的血液中的銅等——對海中生物是絕對必要的。假如這些重要的元素缺少了一、兩種，漁業就無法存在，世界上許多地方就會發生饑荒了。

地　殼

我們所站立的堅固大地──岩石和土──裡面有大約90種的元素。遍地的普通岩石都是二氧和其他元素結合而造成的。

岩石的組成

這種氧化物中分布得特別廣的是二氧化矽（SiO_2）。它以砂、砂岩、石英、燧石、瑪瑙、琥珀等的形態分布於整個地表。其他的岩石中，除了石灰石和白雲石外，都是二氧化矽和鋁、鐵、鈣、鈉、鉀、鎂及其他元素的氧化物所結合而成的。

不含矽的礦物中最多的是碳化鈣（CaC），造成碳化石灰、珊瑚、大理石、石灰石等。連人造的石材，氧也擔任著主要角色。普通的水泥是由鈣、矽、鋁、鐵、鎂、硫的氧化物構成的。

稀少的元素雖然散在大地各處，但在有些地方，某種元素集中於一處，形成礦床。

大地、空氣和海也有很明顯的特徵。它由所含的元素種類、多寡和編排所決定。假如大地、空氣和水這三者沒有明顯的區分，並且互相沒有關聯，那麼地球上任何生物都無法生存。在這三者之間不斷地互相變換著元素的這種環境中，生物才能生存。

光合作用和元素的迴圈

河流不斷地將許多元素沖進海中，那些河流的水是海水蒸發上升到大氣中，然後成為雨或雪降落到大地上而形成的。同

時，雖然不太明顯，氧、二氧化碳和氮的交換一樣不斷地在進行著。

這個交換最重要的關鍵就是植物光合作用的過程。綠色的植物利用陽光的能量進行光合作用，把二氧化碳和水變換成自由氧和碳水化合物。那些碳、氫、氧的化合物造成植物的軀體部分，供給我們食物、木材及其他。

跑到大氣中的氧繼續補充空氣中的氧。

植物的成長還需要其他元素。植物從土、海水中吸收磷、鈣、鐵、碘等它們所需要的元素。尤其氮對植物的成長非常重要。

大氣中雖然有數十億噸的氮，無奈它本身的化學性質非常不活潑，所以很少有生物直接利用它。

但苜蓿及豆類等豆科植物則屬例外。有些叫做根粒微生物的細菌會在豆科植物的根部寄生成一種瘤，將它們所需的氮固定——變換成能用的化合物——同時也會補充其他植物從土中

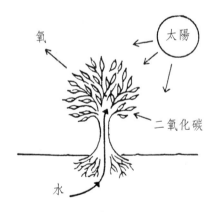

● 植物的光合作用。由二氧化碳
  及水造成植物的軀體，放出氧

吸收氮。

動物把植物當做糧食吃，而排泄出氮化合物。那些排泄物會使土壤肥沃，同時分解了的自由氮會再回到大氣中去。

我們使用人造肥料供給植物所需要的氮。人造肥料是從大氣中抽出氮，把它造成固體化合物而得。

構成生成物的物質裡面有許多種元素。雖然非常微少，可是都非常重要。如將同種類的植物種在有磷的土地上和沒有磷的土地上比較，前者的成長會快得多。

人類的血液中需要少量的鐵元素，同樣蝦或其他低等的海水生物的血液中需要有銅。褐藻類需要碘和鉀，海參需要釩。其他有些生物需要鋅、硫、砷等元素才能生存。

人體和元素

人的身體究竟是由什麼構成的呢？大部分是氧、碳和氫，而60%以上是水的形態。

● 種在沒有磷的土中的植物（左）
　和種在正常的土中的植物

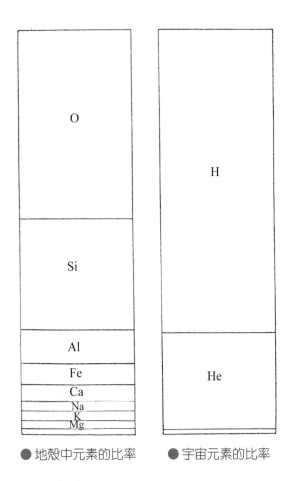

● 地殼中元素的比率　　● 宇宙元素的比率

　　以體重50公斤的人為例，氧有32.5公斤，碳9公斤，氫5公斤，氮1.5公斤，鈣1公斤，磷0.5公斤。其他後面的各元素加起來大約有220克，鉀85克，硫57克，鈉34克，氯34克，鎂10克，鐵1克，另外有一點點碘、氟和矽。

　　鐵在血液中的血色素裡面，這對我們的呼吸有非常重要的

作用。碘對甲狀腺的機能則是必要的。

當然那些元素在人體內都是以幾千幾萬種、具有不可思議作用的化合物的形式存在的。

有些元素非常少，可是非常重要

再回顧一下各種元素在地球上所擔任的角色，會發現還是氧最重要。無論在人體內，地殼或海中，氧是數量最多的元素。在大氣中也最重要，在人體內以好幾百種化合物的形態支撐並維持著我們的生命。

氧以下最豐富的7種元素構成著地殼大部分的岩石和海中大部分的鹽。其他84種元素總合起來也抵不過地球外皮重量的1.5%。可在它們當中，不能說元素比較多的就比較重要。例如我們不太熟悉的元素銣，有銅的四倍多，有碘的一千倍之多。

相反，氖、鐳、釩等跟我們的生活有關係的元素，在前面的元素分布表上，則幾乎排在最後面。

因量少，金才有那麼大的價值。可是比金還少的元素，縱使不把合成元素算進去也有20種。在數量上鈦是排在第九的元素，可是直到最近我們才發現它的利用價值。現在用於電晶體的鍺也是一樣。同時大部分的稀土類元素都可以這麼說。

鈮是比鉛還多的元素，可是一直被認為毫無用處。直到最近才發現它的耐熱性很高，可用做飛機工業的材料。

目前還沒有什麼用途的其他元素中，有些很可能在將來被發現其利用價值，說不定在冶金、醫學、農業、火箭技術、原子爐、熱核動力、太陽能源等方面成為重要元素。

地球上的元素分布很特殊

到此，關於地球上元素的展望告一段落。

把我們的眼光放遠一點去看整個宇宙，我們會發現地球上由多至少的元素分配順序和宇宙中同樣的分配順序完全不同。在這方面地球是很特殊的。請看第167頁的圖表吧。

在地球上，氫和氦只不過是占著地殼1%的84種元素當中的兩種而已。可是以宇宙整體來說，它們占著99%之多，而其他元素的總和才不過占剩餘的1%。

五、宇　宙

　　宇宙中的元素一部分集中在恆星，高溫而孤獨的天體裡。在恆星和恆星之間，幾乎是絕對真空的廣闊空間裡，也有比太陽重大約1,000億倍以上的物質散布著。

天文學的發展

　　星星的研究在各科學中是最早開始的。巴比倫人在西元前4000年時已開始有系統地觀測星星。西元前500年，希臘的畢達哥拉斯已想到地球是浮在空間的一個球體。西元前265年左右，Samos的Aristarkhos提出行星在太陽周圍公轉的所謂太陽系的概念。

　　可是Aristarkhos的理論一直沒有人相信。直到大約1750年後，哥白尼才確確實實地證實了諸行星以太陽為中心在旋轉，並說明了行星的軌道。到了那時候，人們還認為地球是宇宙中心。

　　近代天文學是自1608年望遠鏡在荷蘭誕生，伽利略把它改良並利用的時候開始。伽利略用他的望遠鏡成為第一個看到木星的衛星及太陽黑點的人。

　　伽利略的曲折望遠鏡是利用透鏡的曲光性，牛頓覺得那種望遠鏡的性能不夠理想而發明反射望遠鏡。現在的望遠鏡，從業餘天文愛好者所用的小型垂直徑200英寸的Palomar，到天文

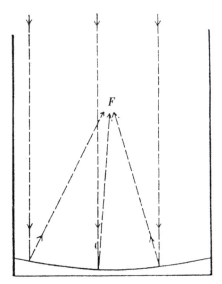

● 反射望遠鏡的原理：
由恆星來的平行光線由拋物面鏡反射集在焦點F

臺的大望遠鏡，都是用反射望遠鏡。

　　從恆星來的平行光線在拋物面上反射，集中於焦點。可在焦點直接觀察，也可以放上底片拍照，又可以放上平鏡把焦點上的影像反射到望遠鏡的側面觀察。

　　經過長期的觀察，我們不但很詳盡地瞭解了太陽系，對宇宙也知道了不少。

太陽系的構造

　　下頁圖所表示的是太陽和9個行星水星、金星、地球、火星、木星、土星、天王星、海王星、冥王星的大小比率。

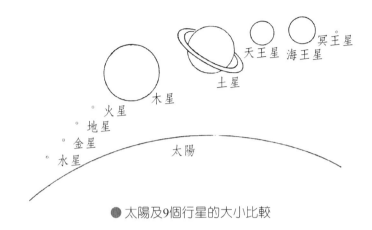

天王星　海王星　冥王星

土星

木星

火星

地星

金星

水星

太陽

● 太陽及9個行星的大小比較

　　假定地球是一個點，那麼太陽的直徑大約有9公分，離地球約400公尺，離最近的恆星約2,400公里。

　　第173頁的圖表示各行星距離太陽的比率。點線是火星和木星中間的小行星群。現在已發現的小行星有1,300個以上。那些小行星可能是一個行星爆炸後的碎片。當中最大的直徑有780公里。

　　最外側冥王星距太陽的距離是它的平均距離，它的軌道是很長的橢圓形，最接近太陽的時候，它的軌道在海王星軌道的內側。

　　行星在太陽周圍公轉1次的時間，可想而知，越遠離太陽的行星時間越長。水星只要88天，冥王星最長需要248年才能繞太陽1周。

宇宙的形態

　　太陽系屬於一個更大的集合體，叫做「銀河系」的星雲。

太陽是銀河系中1,000億個恆星中的1個，處在離銀河系中心大約3萬光年接近邊緣的地方。銀河系的形態很像透鏡，半徑有5萬光年（1光年是光以每秒30萬公里的速度行走1年的距離，大約9.5兆公里）。

● 各行星軌道的比較

　　地球上的我們在銀河系裡往外看，夏天的夜晚，橫跨在天空的薄紗就是銀河系邊緣景致。

　　銀河系的外頭還有許多星雲。看那些星雲的照片，我們就知道，假如從遠處看，我們的銀河系也是那種姿態。就是說，如果從側面看，就像仙女座那種紡綞狀，假如從正面看就會像獅子座的漩渦狀。

　　每一個銀河系裡面都有幾千億個恆星，恆星和恆星之間都是廣大而虛無的空間。在那些空無一物的空間裡也有些物質。不過在1公升內只有二、三十個原子的程度而已。地球海面附近的空氣1公升內有54後面加21個零的原子。比較一下就知道那些空間多麼虛無。

●仙女座的紡綞狀星雲（NGC891）

● 獅子座的漩渦星雲（NGC2903）

　　但是星雲的體積大得超過我們的想像，把恆星間少有的物質加在一起，就會等於1,000億個太陽的重量。
　　我們的銀河系跟附近的星雲一起，構成叫做局部星雲群的小集團。我們所熟悉的仙女座星雲也是這個局部星雲群的一份子。

● 頭髮座的星雲團

據估計，今天宇宙中大約有1兆個星雲。大部分由數百個至數千個星雲集在一起構成著星雲集團。上頁下圖照片是大約離我們有2億光年遠的頭髮座星雲集團。

宇宙的物質交換

我們對太陽、恆星及散在宇宙空間的氣體或塵埃的化學成分覺得有特別濃厚的興趣。當然我們無法取得分析用的標本，所以只好用間接的手段去研究宇宙中的元素。我們把分光器和照相機連接在一起，再把它接在望遠鏡的接眼部分做研究的工具。

像前面說過的分光器那樣，將從恆星來的光分散，觀察那些光的波長，並加以研究。這樣，由光譜便可知道那些光是從哪種元素發出來的。繼之，也明白了那些恆星或星雲裡面元素的種類。

探索宇宙中的元素

分光器可以將太陽內鈉的光譜跟在實驗室內燃燒鈉發出的光譜一樣正確地記錄下來。

宇宙空間中的氣體或塵埃不會發光，同時還會遮斷從遠方來的光，所以，以更遠方的恆星群為背景成為黑暗的影子浮現出來。有的會反射附近恆星的光而發亮。那些發亮的氣體狀星雲的光譜有兩種，一種是把恆星的光直接反射過來，另一種是把恆星的光吸收，然後再放出來，並帶著那些氣體原來特有的波長。

地球的大氣也有同樣的作用，所以也可以利用光譜調查大

氣最外層的元素種類。大氣會吸收從外面來的大部分的光。被吸收的光當然不會到達地表。尤其在紫外線領域，這種現象特別顯著。所以，我們接到的從外面空間來的光的光譜不一定很完整。大氣的影響非常複雜，如果只根據光譜來解釋是非常困難的一件事。

下圖照片是太陽光譜的一部分，表示左端3,940埃（1埃是一億分之一公分長），波長的部分到右端4,130埃波長。照片中央就是我們的眼睛看到的界限。右邊一半是我們看得見的紫色的波長，左邊一半是看不見的紫外線領域的開端。普通底片同樣也可以把那些部分拍下來。

這張光譜是把望遠鏡對準太陽的邊緣所拍的。以黑暗的太空為背景，有幾條亮線浮現著。太陽邊緣突出去的幾條亮線是圍繞著太陽的高溫旋轉著的氣體所放出來的。最明顯的亮線是鈣（3,968埃）、氫（3,970埃）、氦（4,026埃）、鐵（4,045埃）、鐵（4,077埃）的原子所發出來的光譜。氫的第二條線在

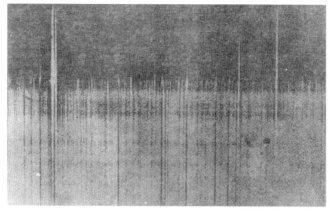

● 太陽光譜中紫色部分的照片。有氦的光譜線

4,101埃的地方。

　　由於氦的亮線在太陽光譜中出現，所以，在地球上發現氦的27年前，就發現它已存在於太陽裡面了。

　　在照片上可以看出吸收及放出的兩種線。照片下半部分是太陽表面諸元素發出的亮線及暗淡的吸收線。暗線是圍繞著太陽的東西——存在於太陽和我們的望遠鏡中間的物質——比較低溫的元素所發出來的。那些低溫的元素會從太陽光中選擇它們特有的波長部分吸收，被吸收的部分就成為暗線。

太陽系的誕生

　　分析從太陽及恆星來的光譜，再加上其他種種證據，我們知道了宇宙中的元素分布跟地球上的元素分布不大相同。

　　宇宙中最豐富的元素不是氧，而是氫。就是所有元素中最輕、最簡單的一種。太陽及恆星的75%是氫，24%是氦。將其他元素總合起來才湊成剩餘的1%。在那1%中，除了氫和氦，其他元素可能跟地球上一樣，以類似的比率分布著，關於這一點目前還不太清楚。

　　科學家們認為我們的太陽系是由旋轉著的氣體雲塊凝縮而成的。那個氣體雲塊的回轉運動被保存下來成為行星的公轉及太陽本身的自轉。

　　那個氣體雲塊所有物質的大約90%凝縮成太陽，剩下的10%被遺棄在空間。那些被遺棄物質的99%是氫和氦，大部分後來都脫離原始太陽系而飛往宇宙空間去。也就是說，只有最初物質的大約一千分之一的物質留下來構成諸行星。

宇宙及地球的年齡

當然，在這裡會產生疑問，宇宙到底有多古老？構成宇宙的元素有多古老？

研究這個問題，最可靠的資料是我們地球的年齡。直接測量地球的年齡還比較容易。我們可以依靠非常規則的衰變的天然鈾。

鈾會自然地放出射線而衰變，它會放出阿爾法粒子（氦的原子核）而變換成釷。釷會放出一個電子而變換成鏷。鏷也會再放出射線而衰變，之後還會繼續衰變逐次變換成較輕的各種元素的同位素。最後成為鉛而穩定下來。那些衰變的全過程就是下面的14個階段：

$$_{92}U^{238} \xrightarrow[_2He^4]{} {}_{90}Th^{234} \xrightarrow[e^-]{} {}_{91}Pa^{234} \xrightarrow[e^-]{} {}_{92}U^{234} \xrightarrow[He^{++}]{}$$

$$_{90}Th^{230} \xrightarrow[He^{++}]{} {}_{88}Ra^{226} \xrightarrow[He^{++}]{} {}_{86}Rn^{222} \xrightarrow[He^{++}]{} {}_{84}Po^{218} \xrightarrow[He^{++}]{}$$

$$_{82}Pb^{214} \xrightarrow[e^-]{} {}_{83}Bi^{214} \xrightarrow[e^-]{} {}_{84}Po^{214} \xrightarrow[He^{++}]{} {}_{82}Pb^{210} \xrightarrow[He^{++}]{}$$

$$_{83}Bi^{210} \xrightarrow[e^-]{} {}_{84}Po^{210} \xrightarrow[_2He^4]{} {}_{82}Pb^{206}$$

我們知道鈾衰變的速度，那就是某些量的鈾經過45億年之後，一半會變成鉛。查一查含著放射性鈾的礦石裡由鈾的衰變所產生的鉛有多少，比較一下鈾和鉛的含量比例就可以算出那塊礦石自誕生到現在已經有多久了。將這些資料集中就可以推測地球的年齡。

用這個方法推測的地球年齡大約有50億年。宇宙的年齡大概比地球大一點，可能是55億到60億年。

元素是怎樣誕生的？

　　宇宙是怎樣誕生的，這個疑問比宇宙什麼時候誕生還難找到答案。1920年發現宇宙向著所有方向膨脹，因此星雲正如畫在膨脹著的氣球表面的點那樣，互相遠離著。科羅拉多大學的Gamow教授認為創生時的宇宙只有放射性中子，而那些中子以超乎想像的超高密度凝集在一起。中子大約在10分鐘的半衰期中放出一個電子而衰變，獲得了一單位的正電荷而變換成質子。這個質子就是氫的原子核。它會抓住中子。被抓到的中子在核中衰變而變換成質子。這樣兩個質子在一起成為氦的原子核。之後，這種現象再反覆下去，逐漸變成原子序數更大的元素的原子核。

　　我們請西維琴尼亞州Greenpank國立電波天文臺臺長Struve博士來說明跟Gamow博士不同的元素創生理論吧。Struve博士是柏克萊加州大學天文學系的前任主任，當過國際天文聯合會

● Otto Struve

會長。在1944年得過倫敦皇家天文學會的金牌獎。現在正全力研究宇宙的化學組成。

宇宙的誕生

請看照片吧。這是Orion星座著名的「馬頭」星雲。這個天體大部分是由塵埃及少數低溫氫氣構成的。在它的後面高溫的氫氣雲放出光亮襯托出它的影子畫像。在銀河系中有不少黑暗的裂痕或暗淡模糊的雲遮蓋著銀河恆星的一部分。它們都是跟馬頭星雲同樣的東西。

● Orion星座的馬頭星雲，黑暗的部分像馬頭

● 一角獸座玫瑰星雲的一部分，小黑點是正要誕生的恆星

　　遙遠空間那一邊的氫氣的另一張照片呈現著許多小黑點。那些黑點是氫的氣體塊，是將要誕生的恆星的蛋。

　　下頁的一對照片是恆星還在誕生的實況。上面是1947年拍照的3個恆星群，下面是大約8年後拍照的。左邊及下面的兩個開始成為雙子星。這兩個新的恆星是在8年中由氫氣生成的。

　　另外一張是宇宙中最古老的東西之一，即球狀星雲的照片。它是在大約55億到60億年前誕生的。裡面所有的恆星都是同時創生的。最初以塵埃或氣體狀態存在的物質凝縮成那些大約10萬個的恆星。

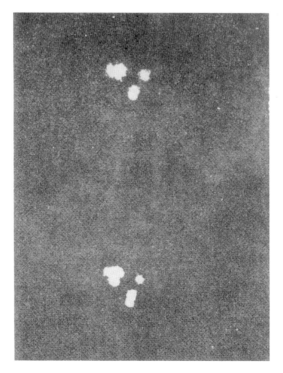

● 恆星誕生的記錄照片
　上面的是在1947年拍的，下面的是8年後拍的

元素生成的理論

現在討論元素的創生問題。根據Gamow教授的理論，所有的元素由60億年前凝縮在一起的中子氣體誕生出來。中子變換成質子，逐漸變換成更重更複雜的元素，這些過程是在宇宙誕生開始的30分鐘內完成的。以上是Gamow的理論。

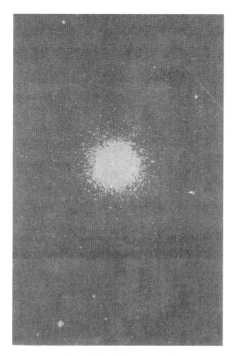

● 獵犬星座的球狀星團（M3）

　　下面是跟他不同的理論。

　　宇宙並非由中子開始，把它假定是氫氣吧。我們從兩個氫
原子核，就是兩個質子出發。恆星的溫度非常高，所以氫原子
核會以非常高的速度互相撞擊。兩個質子撞擊的結果會結合在
一起，其中一個質子會放出一個正電子（質量跟電子一樣，只
是電荷是正電荷）而成為中子。下頁圖上的希臘字母 β 加一個
「＋」表示正電子。

　　這樣造出來的粒子就是重氫的原子核，有一個質子和一個

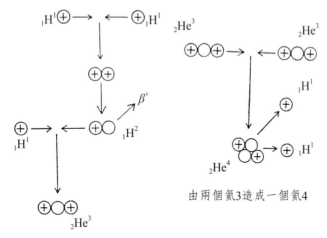

由兩個氦3造成一個氦4

由兩個質子造成重氫原子核，
再加上一個質子而成為氦3。

中子。這個重氫原子核會跟其他質子再撞擊，放出伽瑪射線而
成為質量為3的粒子。這種粒子叫做「氦3」，有兩個質子和一
個中子，質量大約等於3個質子。

氦3是非常罕有的同位素，通常比氦輕一點，而不再想去
抓更多的質子。但是它會跟其他氦3互相撞擊。衝突的結果，
兩個氦3結合在一起，放出兩個質子而變換成一般常見的氦4的
原子核。

以上就是產生太陽或恆星能量能源的過程。太陽或恆星的
光就是這種原子核反應所產生出來的。這種反應在溫度達到攝
氏1,000萬度的時候就會發生。可是隨著恆星本身的收縮，內部
的溫度會一直上升。到了恆星內部溫度到達攝氏1億度的時候，
兩個氦4的原子核—就是阿爾法粒子—會以不可想像的高速
度互相撞擊。結果會產生擁有等於兩個阿爾法粒子的質子和中

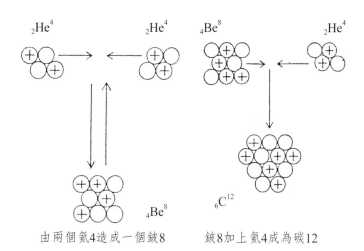

由兩個氦4造成一個鈹8　　　　鈹8加上氦4成為碳12

子的新粒子。這種粒子是鈹的不穩定同位素，它在地球上是找不到的。假定在地球上把它造出來，它也會馬上分裂成兩個阿爾法粒子。

在恆星內部任何瞬間，每10億個阿爾法粒子當中都會有一個鈹8的粒子。所以，在恆星內部這種粒子非常多。這種鈹8的粒子會跟阿爾法粒子（氦4的原子核）撞擊而變為碳的原子核。

碳——平常是碳12——會抓住一個阿爾法粒子而變為氧16，氧會再抓住一個阿爾法粒子而變成氖20。

因為這種過程會逐次進行，所以在恆星內部會造出許多種重元素。

黑點是粒子加速裝置

說到這裡，我們還是沒有弄清元素的問題。例如為何太陽

表面有鋰，許多恆星表面有鐵——在地球上是非常不穩定的元素——這些問題都還沒有答案。

為了說明這個問題，我們還是來觀察一下太陽吧。用小型望遠鏡可以看到太陽的黑點。黑點隨著太陽的自轉在移動。當黑點移到太陽的邊緣時，我們從側面看它。觀察的結果知道黑點其實是叫做太陽火焰（Prominence）的太陽表面龐大的爆炸現象。我們可以利用日冕望遠鏡造出人造日蝕而把那些太陽紅焰拍下來。

調查黑點的光譜結果，發現黑點就是一個巨大的磁鐵，是一個能維持數小時到數天，非常強大的磁場。跟我們在地球上為了加速電子而建造的電子加速器同樣的道理。

將電子送進加速裝置後急速地造出磁場。隨著磁場的加強，電子會沿著圓軌道而被加速，以非常高的速度飛行。

所以黑點中的磁場就是天然的粒子加速裝置。

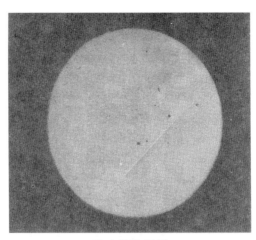

● 太陽的黑點

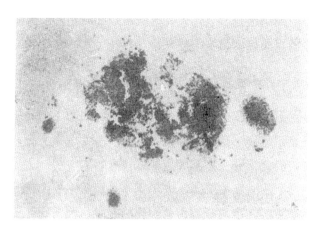

● 放大的太陽黑點

　　恆星的黑點磁場可能比太陽的黑點磁場強大一點，在那裡，可以得到有非常高速度的粒子。這些天然地被加速的粒子會造出鋰、鈹或硼這些元素。這些元素在恆星裡面也是罕有的，不過用分光器分析的結果顯示，它們確實存在著。

自然就是科學的藍本

　　今天對宇宙的構造及化學組成的研究正在快馬加鞭。需要做的事情太多，致使望遠鏡都忙不過來。如巴羅馬山200英寸的大望遠鏡所預定的工作已經排到很遠的未來。

　　我們現在使用的工具是電波望遠鏡。它不是利用可視光直接去觀察恆星或星雲，而是蒐集由恆星或星雲來的無線波長的電磁波。全世界頭一座大型電波望遠鏡建在英國曼徹斯特。在歐洲、前蘇聯、美國等地也建造了更大的電波望遠鏡。

　　我們發現人類在地球上所做的實驗和在遙遠的恆星上所

發生的事項一致而覺得非常興奮。例如超鈾同位素的一種，鉳
245在55天的半衰期中衰變，而現在某些型的超新星（正在爆
炸的恆星）──它所發出來的光以55天的半衰期減弱它的亮度
──之所以能產生那麼大的能量可以用鉳的衰變加以說明。

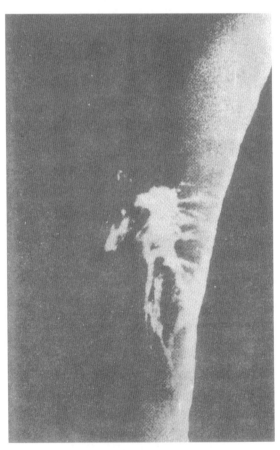

●太陽面的爆炸，紅焰

粒子加速器的發明，控制原子核分裂的實現，原子核融合的控制的可能性，將某些元素變換成別種元素等等，都是20世紀可以引以自豪的成就。可是這些成就所研究的現象，在幾十億年中，在太陽及恆星內部是早已經存在的了。

不用說，科學是從單純的觀察和純樸的好奇心起步的。檢討理論，發現從前沒有發現的，為了要洞察宇宙的特性和人類及其環境的本質，我們會反覆地回到大自然去。

回顧元素週期表的歷史，我們發現曾有好幾次的改正及好多推測錯誤。可是用新的眼光，更詳細地去觀察的結果是元素週期表一次又一次地被改正了，成為更完整的形態。今天所知道的元素都因化學性質的關聯性而被整理得很好，而且元素週期表也成為能預言未知元素化學性質的一項偉大成就。

各元素的名字的起源

關於元素的命名法，沒有什麼特別的原理，只不過大部分金屬元素都習慣在後面加上-ium而已。

元素的化學符號都直接取自元素的名字，只有一部分取自拉丁文或現在已經不再用的別名。

為了決定化學符號而採用的基準，是根據1814年瑞典的化學家Berzerius所提議的提案。Berzerius提議用元素的拉丁名的頭一個字做記號。假如頭一個相同時，再加一個字母以便區別。這個方法後來被推廣，不用拉丁文命名的新元素也採用這個方法。

Berzerius的提案考慮到單用化學式也可以計算數值，這是相當近代化的方法。新的符號簡單，而且也可以表示各元素固有的原子量。它們跟中世紀奇奇怪怪的符號不一樣，可以用普

通的鉛字印刷，科學家們可以簡單而且有效地一眼就看出化學反應。

從古拉丁文取其符號的元素是下面9種：

鈉Natrium（Na），鉀Kalium（K），鐵Ferrum（Fe），銅Cuprum（Cu），銀Argentum（Ag），錫Stannum（Sn），銻Stibium（Sb），金Aurum（Au），鉛Plumbum（Pb）。

鎢和汞的記號是從別名Wolfram（W）和Hydrargyrum（Hg）取的。

一般來說，17世紀以前發現的元素都用古代語名字，以後發現的元素都由發現者適當地命名。

下面是元素名和符號的由來。每一種都以下列序列記元素名，英文名，化學符號，固體以外的元素在常溫的物理狀態，發現年代，發現者，元素名字的由來（有些元素的發現年代和發現者意見不太統一）。

⑴氫，hydrogen，H，氣體，1766年，Henry Cavendish發現，源自法文hydrogenium（造成水的東西），燃燒會產生水。

⑵氦，helium，He，氣體，1868年，Pierre Janssen、Edward Frankland Norman Lookyer發現，源自希臘文helium在太陽的光譜發現它。

⑶鋰，lithium，Li，1817年，August Arpvedson發現，源自希臘文lithos（石）。

⑷鈹，beryllium，Be，1797年，Nicholas Louis Vauquelin發現，源自含著它的礦物beryl。

⑸硼，borum，B，1808年，Louis Joseph Gay-Lussac、Louis Jacques Thenard發現，源自化合物borax（硼砂）。

⑹碳，carbonium，C，源自史前時代的拉丁文carbo（大

炭）。

⑺氮，nitrogenium，N，氣體，1772年，Daniel Rutherpord發現，源自法文nitrogene（製造硝石niter的東西）。

⑻氧，oxygenium，O，氣體，1771年，Carl Wilhelm Scheele發現，源自法文Oxygene（製造酸的東西），當時氧被認為是酸的本質成分。

⑼氟，fluorum，F，氣體，1886年，Henri Moissan發現，源自礦物的fluorspar。

⑽氖，neonum，Ne，氣體，1898年，William Ramsay、Morris W. Travers發現，源自希臘文neos（新）。

⑾鈉，sodium，Na，1807年，Humphry Davy發現，英文名源自它的原料soda（蘇打），符號源自拉丁文natrium。

⑿鎂，magnesium，Mg，1808年，Humphry Davy發現，源自Magnesia lithos（鎂石），是古代希臘的Magnesia地方出產的白石金屬。

⒀鋁，aluminum，Al，1827年，Friedrich Wohlor發現，源自鋁的化合物alum（礬），鋁是從這個化合物發現的。

⒁矽，silicium，Si，1824年，Jons Jackob Berzelius發現，源自拉丁文silex或silicis（燧石，就是二氧化矽）。

⒂磷，phosphorum，P，1669年，Henning Brand發現，源自希臘文phosphoros（產生光）。

⒃硫，sulphur，S，源自史前時代拉丁文sulphur。

⒄氯，chlorum，Cl，氣體，1774年，Carl Wilhelm Scheele發現，源自希臘文chloros（淺綠色），氯的顏色是帶綠的黃色。

⒅氬，argonium，Ar，氣體，1894年，Lord Rayleigh、

William Ramsay發現，源自希臘文argon（懶惰者）。

⒆鉀，potassium，K，1807年，Humphry Dary發現，英文名源自potash（碳化鉀，滲在木灰中），符號源自拉丁名Kalium。

⒇鈣，calcium，Ca，1808年，Humphry Dary發現，源自拉丁文calcis（生石灰=氧化鈣）。

㉑鈧，scandium，Sc，1879年，Lars Frederick Nilson發現，源自scandinavia（斯堪的那維亞半島）。

㉒鈦，titanium，Ti，1791年，William Mcgreger發現，源自希臘神話的巨人族Titan。

㉓釩，vanadium，V，1830年，Nils Gabriel Sepstron發現，源自諾爾曼的愛和美的女神Vanadis。

㉔鉻，chromium，Cr，1797年，Nicholas Louis Vauquelin發現，源自希臘文chroma（顏色），因為用於顏料。

㉕錳，manganum，Mn，1774年，Nicholas Louis Vauquelin發現，源自義大利文managanesn，是拉丁文magnesius（有磁氣的）迷音的。

㉖鐵，iron，Fe，史前時代，元素名源自羅馬名ferrum。

㉗鈷，cobaltum，Co，1737年，Georg Brandt發現，源自德文kobold（惡魔），以為是銅的礦石，結果煉出來的是鈷，當時認為是惡魔的惡作劇。

㉘鎳，niccolum，Ni，1751年，Axel Fredrik Cronstedt發現，源自德文Kupternickel（惡魔之銅）。

㉙銅，copper，Cu，源自史前時代拉丁文cuprum或cyprium，羅馬時代銅的主要產地是Cyprus。

㉚鋅，zincum，Zn，17世紀，源自德文zink。

(31)鎵，gallium，Ga，1875年，Lecoq de Boisbaudran發現，源自法國的古名Gallia（Gaul），鎵雖然是金屬，29.75℃就會熔化。

(32)鍺，germanium，Ge，1886年，Glemens Winekler發現，源自德國國名Germany。

(33)砷，arsenium，As，中世紀，源自希臘文arsenikon（黃色的顏料），希臘把砷的化合物，三硫化砷用做顏料。

(34)硒，selenium，Se，1818年，Jons Jakob Berzelius發現，源自希臘文selene（月），取自地球telluris。

(35)溴，bromium，Br，液體，1825年，Awtoine Jerome Balard發現，源自希臘文bromos（噁心的臭味）。

(36)氪，kryptonum，Kr，氣體，1898年，William Ramsay、Morris W. Travers發現，源自希臘文Kryptos（隱蔽的東西）。

(37)銣，rubidium，Rb，1861年，Robert Bunsen、Gustav Robert Kirchhopp發現，源自拉丁文rubidus（虹），分光器發現的元素，光譜呈現紅色線。

(38)鍶，strontium，Sr，1808年，Humphry Davy發現，源自礦石strontionite（取自蘇格蘭的Strontian）。

(39)釔，yttrium，Y，1794年，Johan Gadolin發現，源自瑞典的城市ytterby。

(40)鋯，zirconium，Zr，1789年，Martin Heinrich Klaproth發現，源自含著它的礦石zircon。

(41)鈮，niobium，Nb，1801年，Charles Hazchett發現，源自希臘神話Tantalos的女兒Niobe，到1844年左右，鈮被誤認為取Tantalos為名鉭tantalium，起先被叫做columbium，記號為Cb。

(42)鉬，molybdaenum，Mo，1778年，Carl Wilhelm Steele發現，源自希臘文molybdos（鉛），鉬是從被誤認為鉛的礦石中發現的。

(43)鎝，technetium，Tc，1937年，Carlo Perrier、Emilio Segre發現，源自希臘文technetos（人造的），因為是第一個人造元素。

(44)釕，Ruthenium，Ru，1844年，Karl Karlovich Klaus發現，源自Rossiya（俄羅斯），拉丁文是ruthenia。

(45)銠，rhodium，Rh，1803年，William Hyde Wollaston發現，源自希臘文rhodon（玫瑰），某些鹽呈現玫瑰色的關係。

(46)鈀，palladium，Pd，1803年，William Hyde wollaston發現，源自1801發現的小行星Pallas。

(47)銀，silver，Ag，史前時代，元素符號源自羅馬名argentum。

(48)鎘，cadmium，Cd，1817年，Friedrich stromeyer發現，源自拉丁文cadmia（異極礦），因為鎘會跟異極礦在一起。

(49)銦，indium，In，1863年，Ferdinand Reich、H. Theodore Richter發現，源自拉丁文indium（印度藍，英文是indigo），這個元素源自分光器發現，光譜呈現藍色線。

(50)錫，tin，Sn，史前時代，元素符號源自拉丁名stannum。

(51)銻，antimony，Sb，中世紀，源自拉丁文antimonium，銻是可以用手摸得到的（金屬物質），很可能因此而命名為anti（反對之意）加monium（抽象，或在游離狀態），符號源自拉丁名stibium。

(52)碲，tellurium，Te，1783年，Muller von Reichenstein發

現，源自地球的拉丁名telluris。

(53)碘，iodium，I，1811年，Bernard Courtois發現，源自希臘文iodes（紫色）。

(54)氙，xenonum，Xe，氣體，1898年，William Ramsay、Morris W. Travers發現，源自希臘文xenos（不太見慣的東西）。

(55)銫，caesium，Cs，1860年，Robert Bunsen、Gustav Robert Rirchhott發現，源自拉丁文caesius（青色），在分光器光譜的青色線中發現。

(56)鋇，baryum，Ba，1808年，Humphry Dary發現，源自含著它的礦石barite（重晶石），barite源自希臘文barys（重）。

(57)鑭，lanthanum，La，1839年，Carl Gustav Mosander發現，源自希臘文lanthanein（隱藏著）。

(58)鈰，cerium，Ce，1803年，Martin Heinrich Rlaproth、Jons Jakon Rerzelins、William von Hisinger發現，源自1801年發現的小行星ceres。

(59)鐠，praseodymium，Pr，1885年，Carl Auer von Welsbach發現，源自希臘文的prasios（綠色）和didymos（學生），因為鹽本來是綠色而被誤認為是鈥。

(60)釹，Neodymium，Nd，1885年，Carl Auer von Welsbach發現，源自希臘文neo（新）及didymos（學生），釹和鐠是從以前叫做didymium的物質分離出來的，被誤認為像鑭那種單一元素。

(61)鉕，promethium，Pm，1947年，J.J.A. Mrinsky, L.E. Glendnin, G.D. Coryell發現，源自希臘神話中從天上偷盜火給人類的巨人族Prometheus。

(62)釤，samarium，Sm，1879年，Lecoq de Boisbaudran 發現，源自samaskite石，這種礦石取名於俄羅斯的礦水技師 Samalski。

(63)銪，europium，Eu，1901年，Eugene Demarcay發現，源 自Europe（歐洲）。

(64)釓，gadolinium，Gd，1886年，Lecog de Boisbaudran發 現，源自芬蘭的稀土類化學家Johan Gadolin。

(65)鋱，terbium，Tb，1843年，Carl Gustav Mosander發現， 源自瑞典的城市ytterby。

(66)鏑，dysprosium，Dy，1886年，Lecoq de Boisbaud Ran 發現，源自希臘文dysprositos（難於到達）。

(67)鈥，holmium，Ho，1879年，Per Theodor Cleve發現，源 自Stockholm的拉丁名Holmia。

(68)鉺，erbium，Er，1843年，Carl Gustav Mosander發現， 源自瑞典的城市ytterby。

(69)銩，thulium，Tm，1879年，Per Theodore Cleve發現， 源自斯堪的那維亞北部的古名Thule。

(70)鐿，ytterbium，Yb，1878年，Jean Charles Gallissard de Marignac發現，源自瑞典的城市ytterby，在那裡發現了許多稀 土類元素。

(71)鎦，lutetium，Lu，1907年，Georges Urbain發現，源自 巴里的古羅馬名Lutetia。

(72)鉿，Hafnium，Hf，1923年，Dirk Coster、Georgron Hevesy發現，源自哥本哈根的Hafnia。

(73)鉭，tantalum，Ta，1802年，Anders Gustav Ekeberg發 現，源自希臘神話中Tantales名，因為難於把它單離出來，

Tantalus是大神Zeus的兒子，是Niobe的父親，被罰站在到達下腮深的水中，想喝水時水就退下。

(74)鎢，tungsten，W，1783年，d'elhujar兄弟發現，源自瑞典文Eung sten（重的石頭），符號源自別名wolfram。

(75)錸，rhenium，Re，1925年，Walter Noddack、Ida Tacke、Otto Berg發現，源自拉丁文Rhenus。

(76)鋨，osmium，Os，1804年，Smithson Tennant發現，源自希臘文osme（味）。

(77)銥，iridium，Ir，1804年，Smithson Tennant發現，源自拉丁文irdis（虹），因為它的某種化合物會發出許多種色彩。

(78)鉑（白金），platinum，Pt，16世紀，源自西班牙文platina（銀）。

(79)金，gold，Au，史前時代，符號源自古羅馬名aurum。

(80)汞（水銀），mercury，Hg，液體，史前時代，水星得名，它的另一個名字是guicksilver，元素符號源自希臘文hydrargyrum hydros（水）＋argyros（銀）。

(81)鉈，thallium，Tl，1861年，William Crookes發現，源自希臘文thallos（新生的樹枝），因為光譜的線是很亮的綠色。

(82)鉛，lead，Pb，史前時代，元素符號源自拉丁文名plumbum。

(83)鉍，bismuthum，Bi，中世，由德文Bismuth，可能是源自含著它的Weisse Masse（白色一塊一塊的東西）。

(84)釙，polonium，Po，1898年，Curie夫妻發現，源自Curie夫人的故國Poland（波蘭）。

(85)砈，astatium，At，可能是固體，1940年，Emilio Segre、Dale R. Corson、R.R. Mackenzie發現，源自希臘文

astatos（不穩定）。

(86)氡，radon，Rn，氣體，1900年，Friedrick Ernst Dorn發現，源自鐳radium在後面加稀有氣體元素共通的接尾語on，氡是鐳衰變後產生的元素，本身也有放射能，一段時期被叫做niton（發亮），記號為nt。

(87)鍅，francium，Fr，1939年，Marguerite Perey發現，源自France（法國）。

(88)鐳，radium，Ra，1897年，Curie 夫妻發現，源自拉丁文radius（光線），因為它會放出射線。

(89)錒，actinium，Ac，1899年，Andre Debierne發現，源自希臘文aktis（光線），因為它會放出射線。

(90)釷，thorium，Th，1828年，Jons Jakob Berzelius發現，源自礦石thorite，礦石名由諾爾曼的雷神Thpr。

(91)鏷，protactinium，Pa，1917年，Otto Hahn、Lise Meitner、Frederic Soddy、John A. Cranston發現，源自proto（最初）和Actinium，因為它衰變後成為錒。

(92)鈾，uranium，U，1987年，Martin Heinrich Rlaproth發現，源白天王星名。

(93)錼，Neptunium，Np，1940年，Edwin M. McMillan、Philip H. Abelson發現，源自海王星名。

(94)鈽，plutonium，Pu，1940年，Glenn T. Seaborg、Edwin M. McMillan、A.C. Wahl、J.W. Kennedy發現，源自冥王星名。

(95)鎇，americium，Am，1944年，Glenn T. Seaborg、Palph James、Leon Morgan、Albert Ghiorso發現，源自America（美國）。

(96)鋦，curium，Cm，1944年，Glenn T. Seaborg、Palph

James、Leon Morgan、Albert Ghiorso發現，源自Curie夫妻。

　　⒄鉳，berkelium，Bk，1949年，Glenn T. Seaborg、Stanley G. Thompson、Albert Ghiorso發現，源自加州Berkeley。

　　⒅鉲，californium，Cf，1950年，Glenn T. Seaborg、Stanley G. Thompson、Albert Ghiorso、Kenneth Street, Jr.發現，源自發現它的加州大學名California。

　　⒆鑀，einsteinium，Es，1952年，加州大學Lawrence射線研究所、Argonne國立研究所、Los Alamos科學研究所三個單位發現，源自愛因斯坦博士（Albert Einstein）。

　　⒇鐨，fermium，Fm，1953年，發現鑀的三個單位發現，源自Enrico Fermi。

　　⒇鍆，mendelevium，Md，1955年，Albert Ghiorso、Bernard G. Harvey、Gregory R.、Choppin、Stanley G. Thompson、Glenn T. Seaborg發現，源自Dmitri Mendeleev。

　　⒇鍩，nobelium, No，1958年，Albert Ghiorso、T. Sickkelpnd、J.R.Walton、Glenn、T. Seaborg發現，瑞典的諾貝爾研究所於1957年發現並發表它，把它叫做nobelium，可是加州大學Lawrence射線研究所再度做同樣實驗時沒有成功，到了第二年才造出原子序數為102號的元素。所以Lawrence射線研究所不承認Nobelium這個名字。

　　⒇鐒，Lawrencium，Lr，1961年，Albert Ghiorsv、Toribjrn Sickkeland、A Almon E. Larsh、Robert M. Latimer發現，源自Ernest O. Lawrence。

六、電子時代的元素

原子內部的奧秘

原子的這個微觀世界又是怎樣的呢？原子是不是最小的微粒，能不能再分呢？

1897年，在英國科學家湯姆生發現電子以後，人們開始揭示原子內部的秘密，認識到原子不是最小的微粒，而且具有複雜的結構，還可以再分。

在原子中，居於原子中心是原子核，原子核的周圍有若干個電子圍繞著它並運動著。這彷彿是一個「太陽系」，「太陽」是帶正電的原子核，繞著「太陽」轉的「行星」就是帶負電的電子。只是在這個「太陽系」裡，支配一切的是強大的電磁力，而且是萬有引力。

原子核所帶電量和核外電子的電量相等，電性相反。原子不顯電性。不同類的原子，它們的原子核所帶的電荷數，彼此不同。

在原子中，原子核只占極小的一部分體積。原子核的半徑大約為原子半徑的萬分之一，原子核的體積只占原子體積的幾千億分之一。這彷彿是一座十層大廈同一個櫻桃之比。因此，相對來說，原子裡有一個很大的空間，電子在這個空間裡作高速的運動。

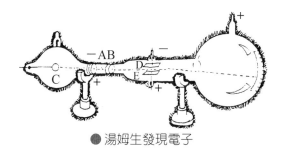

●湯姆生發現電子

　　原子核雖小，但也有複雜的結構。湯姆生、盧瑟福和玻爾等為人們勾勒出一幅新的原子圖像：原子核是原子的中心，電子繞原子核飛快地旋轉，形成一圈圈電子雲。電子的軌道運動狀態改變時，原子就要發射或吸收光子。

　　原子核又是什麼組成的呢？恰德威克、湯川、鮑威爾等研究回答：是中子、質子、介子、超子等。科學家認為，組成世界的基石是5種基本粒子：電子、質子、中子、光子和介子。到目前為止，基本粒子已增加到300多種。

　　質子和中子的質量幾乎相等，而電子質量卻小得多，只相當於質子質量的1/1836。所以，原子核的質量幾乎就等於整個原子的質量。

　　質子和中子的質量雖然相同，可是帶電情況不同。質子帶正電荷，中子不帶電荷，電子帶負電荷。

　　1913年，英國科學家莫斯萊系統地研究了各種元素的X射線。他藉助於一種叫做亞鐵氰化鉀的晶體，攝取了多種元素的X射線譜。他發現，隨著元素在元素週期表中的排列順序依次增大，相應的特徵X射線的波長有規則地依次減小。他認為，元素在元素週期表中不是按照原子量的大小而是按照原子序數大小排列的，原子序數等於原子的核電荷數。

中子

鈹靶

中子

α粒子

● 恰德威克發現中子

　　莫斯萊的這個發現，第一次把元素在元素週期表裡的座位同原子結構科學化地聯繫在一起了。

　　後來，在發現了質子和中子以後，人們終於認識到，決定一個元素在元素週期表中位置的只是它的原子核中的質子數。例如：氫元素的原子核裡只有一個質子，也就是核外有一個電子，它就排在元素週期表裡的第1位，氦原子核中含有2個質子，也就是核外有2個電子，排在元素週期表裡的第2位……反過來也一樣，元素週期表裡第幾位上的元素，原子核裡一定有幾個質子。例如：氯是元素週期表裡的第17號元素，它的原子核裡也就有17個質子，核外電子自然就是17個。

　　這個新發現，就揭開了元素週期表留下的幾個不解之謎。

　　前面說到，在元素週期表的第1週期裡，氫和氦之間隔著好大一塊空缺，會不會再有新元素？根據新發現，人們可以知道，氫、氦的質子數為1和2，中間肯定不會再有新元素了。

　　前面也說到，人對元素的順序倒置的謎，現在也得到了解決。原來，鉀原子核裡的質子數正好比氬多1，碘比碲多1，鎳

又比鈷多1。所以氫和鉀、碲和碘、鈷和鎳的順序完全正確，不存在什麼顛倒的問題。

可是，謎還未能徹底解開。因為絕大多數的元素都隨著原子序數的增大，隨著質子數的增多，原子量也相應增大。獨獨有幾對元素的原子量沒有按照這個順序增大，反而是原子量大的排在前面，而原子量小的排在後面，這是為什麼？

電子的排列

在深入研究原子核後，人們發現，同一種元素的原子核裡，質子的數目雖然一樣多，但中子的數目卻不盡相同。化學上把原子核內質子數相同而中子數不同的原子叫做同位素。

氫原子的同位素有三種：第一種是氫，它的原子核裡沒有中子，只有1個質子，叫做氕；第二種是重氫，它的原子核裡有1個質子和1個中子，叫做氘；第三種是超重氫，它的原子核裡有1個質子和2個中子，叫做氚。

質子　介子　中子

● 湯川發現質子

氕、氘、氚各自的原子質量雖然不同，可是它們的化學性質幾乎完全相同。人們測得的氫的原子量，就是這3種原子質量的平均值。

絕大多數的元素都有兩種或以上的同位素，因此絕大多數的原子量都是它的各種同位素的原子質量的平均值。

自然界的各種元素，通常是質子數大的，原子量也大，質子數小的，原子量也小。因此，在元素週期表中，大多數元素都是隨著質子數增大，原子量也增大。可是，有的元素雖然質子數較小，但是在自然界，它的幾個同位素中較重的同位素占的比例大，因此幾種同位素的原子質量的平均值（這種元素的原子量）就要大一些。而有的元素的質子數雖然較大，可是由於較重的同位素占的比例小，結果這種元素的原子量反倒要小一些。

例如：氬的質子數（18）要比鉀的質子數（19）小，但是在自然界中它的重同位素氬40的原子質量為39.96，占99.60%；氬38的原子質量為37.96，占0.06%；氬36的原子量為35.97，占0.34%。氬的3種同位素的原子質量平均值為39.95。

鉀的質子數雖然較大，可是它的重同位素占的比例小。鉀41的原子質量為40.96，占6.88%；鉀40的原子質量為39.96，占0.01%；鉀39的原子質量為38.96，占93.08%。鉀的3種同位素的原子質量平均值為39.10。

由於原子核的質子、中子結構和同位素的發現，元素週期表中的氬和鉀、碲和碘、鈷和鎳、釷和鏷等，排列前後之謎終於徹底解開了。

人們對核外電子進行了研究，知道電子在原子核外作高速運動。高速運動著的電子，在核外是分布在不同的層次裡。這些層次叫做能層或電子層。在含有多個電子的原子裡，電子的

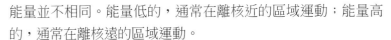

能量並不相同。能量低的，通常在離核近的區域運動；能量高的，通常在離核遠的區域運動。

　　現在已經發現的電子層共有7層。第1（K）層，離核最近，能量最低；其他由裡往外，依次為第2（L）層、第3（M）層、第4（N）層、第5（O）層、第6（P）層、第7（Q）層。核外電子的分層運動，又叫核外電子的分層排布。

　　人們發現，電子總是儘先排布在能量最低的能層裡，然後再由裡往外，依次排布在能量逐步升高的電子層裡。核外電子的分層排布有一定的規律：首先，各電子層最多容納的電子數目是$2n^2$（n是電子層數）。例如第1層為2個電子，第2層為8個電子，第3層為18個電子，第4層為32個電子。其次，最外層電子數目不超過8個。第三，次外層電子數目不超過18個，倒數第3層電子數目不超過32個。

　　人們還發現，核外電子的分層排布居然和元素週期表有著內在的聯繫。

　　先從橫行——週期來看：在第1週期中，氫原子的核外只有1個電子，氦原子的核外有2個電子，都處於第1能層上。由於第1能層最多只能容納2個電子，所以，到了氦第1能層就已經填滿。第1週期也只有這兩個元素。

　　在第2週期中，從鋰到氖共有8個元素。它們的核外電子數從3增加到10。電子排布的情況是：第1能層都排滿了2個電子，第2能層中，從鋰到氖依次排了1至8個電子。第2週期結束。

　　……

　　再從豎列——族來看：第1主族的7個元素——氫、鋰、鈉、鉀、銣、銫、鍅，它們相同的是，最外能層只有一個電子，不同的是，它們的核外電子數和電子分布的層數。氫的核

外只有一個電子，只能排布在第1能層上；鋰有2個能層，在第2能層上排布1個電子；鈉有3個能層，在第3能層上排布1個電子⋯⋯鍅有7個能層，在第7能層上排布1個電子。

由此可見，第1主族7個元素原子的電子最外層都只有一個電子。而在化學反應中，一般只是最外層電子在起變化，由於它們最外層電子數相同，也就反映出它們相似的化學性質。

其他主族各元素的最外能層也類似。第2主族各元素的最外能層都有2個電子，第3主族各元素的最外能層有3個電子⋯⋯

還可從惰性氣體元素、金屬元素和非金屬元素來看：惰性氣體元素原子的最外層都有8個電子（氦是2個）。這種最外層有8個電子的結構是一種穩定的結構。因此，惰性氣體元素的化學性質比較穩定，一般不跟其他物質發生化學反應。金屬元素像鈉、鉀、鎂、鋁等，原子的最外層電子的數目一般少於4個，在化學反應中，外層電子比較容易失去而使次外層變成最外層，通常達到8個電子的穩定結構。非金屬元素氟、氯、硫、磷等，原子的最外層電子的數目一般多於4個，在化學反應中，外層電子比較容易獲得電子，也使最外層通常達到8個電子的穩定結構。

人們瞭解了原子核外電子排布的規律以後，就可以從理論上來解釋元素週期律了。原來，隨著核電荷數的增加，核外電子數也在相應地增加；而隨著核外電子數的增加，就是相似的電子排布過程一層一層地重複出現。這就是元素性質隨原子序數的增加而呈現週期性變化的原因。

人工合成的許多新元素——超鈾元素，使元素週期表在不斷延伸。在放射性變化中，一個元素蛻變成另一個元素，科學

家由此找到了利用原子能的鑰匙：元素週期表後列的重元素會發生核分裂，而元素週期表前列的輕元素會發生核聚變。

科學家們預言，人造元素還會一個個發現和合成出來，除完成第7週期外，並有可能進入第8週期（也就是超錒系和新超錒系元素）。在未來的新週期中，元素的原子裡還會出現新的電子層次。

核時代的燃料

1828年，瑞典學家柏齊利阿斯在獨居石礦裡發現了釷（Th）。釷（Thorium）的原文名稱來自斯堪的納維亞戰神土爾（Tor）的名字。

1898年，法國女科學家瑪麗·居里發現了釷也有放射性。釷和空氣接觸以後，即使把釷拿走，空氣裡還有放射性，好像被釷傳染了似的。英國物理學家盧瑟福發現釷像鐳一樣，也會發出一種放射性氣體。後來又發現錒也會發出一種放射性氣體。這兩種氣體分別被叫做「釷射氣」和「錒射氣」。這兩種氣體就是氡，也在不斷地變成氦。錫蘭島出產的萬釷礦，1公斤礦石加熱後，能放出10公升氦氣。

釷受到中子轟擊後，會轉變成鈾233。這種鈾的同位素並不存在於大自然之中。鈾233是原子能反應爐的一種核燃料，而釷本身雖然不能作為核燃料，但卻是製造核燃料的原料。釷和鈾一樣，分裂的時候放出大量的原子能。

釷的半衰期是130億年。它在蛻變過程中生成一系列放射性元素，都屬釷系，最後變成原子量為208的鉛。

釷在地殼中的含量約為百萬分之六，幾乎比鈾多三倍。

● 原子能發電站

含釷的主要礦物是獨居石（磷鈰鑭礦）和釷石。獨居石是從含獨居石的沙裡提取出來的。中國蘊藏著豐富的釷礦。釷比較集中，又容易提煉，這樣它就引起人們注意，成為一種未來的核燃料。

製取金屬釷，通常是將熔融的釷監（氟化釷）進行電解，這樣，可得到純度達99.9%的金屬釷。

釷是銀白色的金屬，外觀像鉑。它比較軟，可以進行各種機械加工。它較難熔，熔點達1842℃。它的比重為11.7，同鉛差不多。

釷的化學性質比較穩定。在常溫下，塊狀的金屬釷不容易被空氣氧化，在稀酸或強鹼溶液中也不會被腐蝕，只是在王水或濃鹽酸中，它才會被溶解。在高溫中，釷會同氧、硫和鹵素等劇烈地化合。粉末狀的釷，在空氣中可以燃燒。

釷氧化後，生成二氧化釷，這是種白色的粉末。二氧化釷是釷的最重要的化合物，用它可以製造煤油氣燈燈罩。這種燈常用於沒有電的農村廣場、廳屋照明。它用煤油作燃料，打進

壓縮空氣，燃點那柔軟潔白的麻紗罩，就散發出耀眼的光芒。這種燈罩可用上幾十次不會燒壞，卻經不起碰撞或觸動，否則就會被碰得粉碎。

原來，這種麻燈罩，曾在飽和的硝酸釷溶液裡浸泡過。壓縮空氣將煤油噴出不斷燃燒，產生高溫，射出白色的光。這時候，燈罩的麻纖維立即燒掉，硝酸釷被分解，放出二氧化氮，剩下的便是二氧化釷，形成了一個硬的白色網殼。由於二氧化釷十分耐高溫，熔點高達2800℃，因此不會燒壞，還發出強烈的白光。

在白熾燈泡的鎢絲裡，常常摻有少量的二氧化釷，用來提高鎢絲的強度，既可防止鎢的再結晶，還可使燈泡變得更亮。

二氧化釷有耐高溫的特性，人們常用它來製造耐火坩堝。

第一個人造元素

30年代初，在化學元素週期表的「大廈」裡，有92個「房間」：第一號「房間」的住戶是氫元素，最末的92號「房間」的住戶是鈾元素。從氫到鈾的所有「房間」中，還有4間房沒有住戶。

這4間空房是43號、61號、85號和87號。它們的元素主人在哪兒呢？人們早就在尋找這4個元素，而且不斷有人聲稱自己已經找到這些元素，有的人甚至還給這些元素取了名字。但是，最後都被否定。人們認為，它們是「失蹤了」的元素。

隨著人們對放射性元素的深入研究，逐步揭開了原子和原子核的秘密，加上「原子大炮」——迴旋加速器的出現，終於把這些失蹤的元素一一找到。

原來，這4種元素都是放射性元素，原子核會不斷分裂，放出 α 粒子或者 β 粒子，變成另外一種原子核，這種變化的過程叫做衰變。每一種放射性物質，都有固定的衰變速度，而不同的放射性物質的衰變速度是各不相同的。放射性元素的量減少到它原來的一半所需要的時間，化學上叫做半衰期，各種放射性物質的半衰期有長有短，差別極大。長的可達100多億年，短的還不足1秒鐘。在自然界，有的放射性元素還可以在礦物中找到，有的卻在地球上早已絕跡。

這4種失蹤元素的半衰期都比較短，在自然界存在極少，甚至絕跡了。人們長期找不到它們，就不奇怪了！

人們發現，對於那些不會自動破裂的穩定的原子核，也可以用人工的方法去打開它，從而使一種元素變成另一種元素。這就是人工核反應。最早人們用放射性物質放射出的 α 粒子作為「炮彈」，去轟擊原子核，實現了人工核反應。後來，還使用了其他種類的「炮彈」——質子、中子、氙核，還使用了各

第一個人造元素

種粒子加速器，來增加「炮彈」的威力。

1937年，義大利化學家西格雷和佩里埃用能量約500萬電子伏特的氘核去「轟擊」第42號元素——鉬，第一次製得了第43號新元素。他們把這新元素取名為「鎝（Tc）」。鎝（Technetium）的希臘語（Technetos）意思是「人造的」。

鎝成了第一個人造的元素。它製得的數量極少，總共才一百億分之一克。同時科學家還發現這個新元素的性質同錳有些相似，而同錸更相似。

1938年，西格雷和美國科學家西博格共同發現半衰期約200000年的鎝的同位素。現在，用各種核反應製得了20種鎝的同位素。鎝99同位素具有最長的半衰期，長約220000年。現在，每年能製得幾百公斤鎝。

鎝並沒有真正在地球上消失，人們發現在大自然中，也有微量的鎝存在。

1949年，美籍中國女物理學家吳健雄和西格雷在鈾的裂變物中也發現了鎝。據測定，一克鈾全部裂變以後，大約可取得26毫克鎝。

鍗是銀白色閃光的金屬，具有放射性。它熔點高達2200℃，很耐熱。鍗在-265℃時，電阻會全部消失，變成一個沒有電阻的金屬。鍗在酸中溶解度很小，人們常用它來做原子能工業設備中的防腐材料。

地球上最少的元素

1940年，第85號元素也發現了，命名為「砈（At）」。砈（Astatium）的希臘文意思是「不穩定」。

砈的發現者、義大利化學家西格雷遷居到美國，他和美國科學家科里森、麥肯齊在加州福利亞大學用「原子大炮」——迴旋加速器加速氦原子核，轟擊金屬鉍209，製得了第85號元素——「亞碘」，就是砈。

砈是一種非金屬元素，它的性質同碘很相似。砈很不穩定，它剛出世8.3小時，便有一半砈的原子核已經分裂變成別的元素。

後來，人們在鈾礦中也發現了砈。這說明在大自然中，存在著天然的砈。不過它的數量極少，在地殼中的含量只有10億億億分之一，是地殼中含量最少的元素。據計算，整個地表中，砈只有0.28克！

砈是鐳、錒、釷這些元素自動分裂過程中的產物。砈本身也是放射性元素。

砈在大自然中又少又不穩定，壽命很短，這就使它們很難積聚，即使積聚到一克的純元素都是不可能的，這樣就很難看到它的「廬山真面目」。儘管數量這樣少，可是科學家卻製得了砈的同位素20種。

砈是鹵族元素，它的性質同氟、氯、溴、碘有相似的地方。砈是鹵族中最重的，它的金屬性質比碘還明顯些。

砈已經用於醫療中。在診斷甲狀腺症狀的時候，常常用放射性同位素碘131。碘131放出的砈射線很強，影響腺體周圍的組織。而砈很容易沈積在甲狀腺中，能產生碘131同樣的作用。它不放射砈射線，放出的砈粒子很容易為有機體所吸收。

還有一個第61號元素鉕（Pm），遲至1945年才被發現。鉕是一種具有放射性的金屬，它的化合物常常會發出熒光，用它塗在夜光錶的指標和表面數字上，閃耀出淺藍色的光。人造衛星上需要體積小、重量輕、壽命長的電源，最理想的是用鉕製成像紐扣般大的原子電池，可以用上5年之久。

鉕是美國的科學家馬倫斯基、格倫丁寧和科里爾，從鈾裂變產物中找到的。鈾分裂的裂塊當中，可以分出它的一種壽命比較長的同位素鉕，原子量147。它的半衰期大約近4年。鉕（Promethium）一字來源於希臘神話中的普羅米修斯，他從天上竊取火種送到人間，用它來比喻從原子反應爐產物裡得到鉕，標誌著人類進入了原子能時代。

從門捷列夫的預言，到鉕的發現，經歷了70多年的時間，失蹤的元素全部找到了，元素週期表大廈的「房間」裡，住戶都滿了。

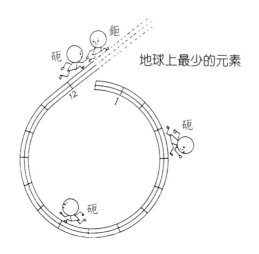

「海王星」和「冥王星」

92號元素鈾以前的所有元素都已找齊，那麼，人類認識化學元素的道路是不是已經走到盡頭了呢？不是這樣。

早在1934年，義大利物理學家費米就認為，在鈾元素之後，還有超鈾元素存在。

費米利用質子去轟擊鈾原子核時，把鈾核撞裂成兩塊差不多大小的碎片。他認為已製得了第93號元素——「鈾X」。後來，鈾X被人們否定。

到1940年，美國科學家麥克米倫和艾貝爾森用中子轟擊鈾，而製得了93號新元素，他們命名它為「錼（Np）」。錼（Neptunium）的希臘文Neptune的意思是「海王星」。錼的化學性質同鈾相似，而且是近鄰，而鈾的希臘語的意思是指「天王星」。

錼是銀灰色的金屬，是放射性元素。現在已經知道錼有12種同位素，壽命最長的一種同位素錼237，半衰期是220萬年。在鈾裂變後的產物中含有微量的錼。在空氣中，錼很容易被氧化，表面上會生出一層灰暗的氧化膜。

　　錼的發現有力地說明超鈾元素的存在，鼓舞著科學家們千方百計地去尋找新的元素。

　　1940年，美國化學家西博格、麥克米倫、澳沃爾和甘乃迪用氘子（重氫的原子核）轟出鈾，第一次製得了第94號新元素。他們把這個新元素取名為「鈈（Pu）」。鈈（Plutonium）的希臘語Pluto是「冥王星」的意思。這是因為鈈是在錼以後發現的，是鄰居，冥王星也是在海王星以後發現的。

　　鈈是放射性元素，現在知道鈈的同位素是15種。其中壽命較長的一種同位素鈈242，半衰期是50萬年。鈈244是壽命最長的，半衰期為7600萬年。鈈233壽命最短，只要20分鐘就有一半變得面目全非。鈈239是重要的核燃料。鈈238可以做能源用在宇航設備上。據計算，這種能源的利用率要比使用丁烷類燃料氣體高15,000倍。

　　鈈238製造的核電池已經在地面、水底、太空和醫藥等方面得到應用。例如美國「阿波羅」登月飛船的太空人，曾先後把5個鈈238製造的核電池安放在月球上，為月面科學試驗站提供動力。這種核電池的輸出功率為70瓦左右，重量還不到20公斤，能在月球惡劣的環境中正常工作，使用壽命5～10年。

　　高濃縮的鈈238可以做心臟起搏器的動力。這種電池植入人體，可以連續使用十幾年。一個起搏器只需要200毫克鈈238就足夠了。

　　人造元素是很好的熱源。美國為太空人研製的恆溫太空衣

服，就是用鈈238作為熱源。

鈈是一種銀灰色的金屬，很重，比金子和水銀都重。鈈在空氣也容易氧化，在表面生成黃色的氧化膜。它和別的金屬不同，導電性和導熱性較差，只有銀的1%。

在天然鈾礦中，鈈的含量微乎其微，只有一百萬億分之一。最早製得的鈈，它的重量還不到一根頭髮重量的千分之一。這種稀少的元素，開始時並不受人們的注意。

事隔不久，人們發現，那些曾被廢棄的鈾238，可以作為製造鈈的原料，而鈈的性質，跟鈾235相近，可以用來製造原子彈，還可以製造原子能反應爐，用來發電。

科學家利用鈈239核裂變的特性（把幾公斤重的鈈放在一起，就會自發地發生反應，如果不加控制的話，一下子就會猛烈地爆炸）製造了以鈈239為炸藥的原子彈。1945年7月16日，美國在新墨西哥州的沙漠上爆炸的第一顆原子彈裝置用的是鈈，同年8月在日本長崎投下的第二顆原子彈（相當於2萬噸TNT炸藥）用的也是鈈。

用鈈還可以製造出小到幾千噸、幾百噸TNT威力的戰術核武器。其他如小型核導彈彈頭、核地雷、核炮彈以及氫彈和最新出現的中子彈的引爆也要利用它。所以鈈已成為一種戰略物資，核武器庫中的「寵兒」。

用鈈238作為核燃料，可以製造一種新型的原子鍋爐——快中子增殖反應爐。它不僅能發出巨大的電能，而且還能生產出新的核燃料，新生產的比燒掉的核燃料還多。這就可以不用擔心核燃料的來源。

這樣，鈈從默默無聞的角色，突然搖身一變，成了原子工業中的「明星」。

在自然界中，鋱和鉲這兩種元素後來也找到了。所以，到目前為止，人們所知道的天然化學元素一共是94種。

95號到100號元素

人們繼續努力去尋找94號以後的「超鈾元素」。用人工方法又製得了鋦、鋂、鉳、鉲等。這些元素都是在自然界裡所沒有的。

1944年，西博格、詹姆斯和吉奧索用質子轟擊鈽原子核，先製得了第96號元素，取名為「鋦（Cm）」。鋦（Curium）的希臘文意思是「居里」，是為了紀念居里夫婦的。

鋦是銀白色的金屬，也是放射性元素。它射出來的能量很大，使鋦的溫度可升高到1,000℃。在人造衛星和太空船中，常用鋦來做熱源。

鋦有8種同位素，鋦245是壽命最長的一種，半衰期500年以上。鋦是裂變物質，可用來製造有特殊用途的超小型原子反應爐和原子彈。

1945年，西博格、詹姆斯、湯普森和吉奧索用同樣的方法又製得了第95號元素，他們命名為「鋂（Am）」。鋂（Americium）希臘文是「美洲」的意思，用來紀念發現的地點美洲。

鋂是銀白色的金屬，很柔軟，可以拉成絲，也可壓成薄片。鋂有10種同位素，有一種鋂243，壽命最長，長約1萬年。鋂242是裂變物質，用來製造超小型原子反應爐和原子彈。

中國用人造元素鋂241製成了一種離子感煙警報器，它是利用鋂241自動放出 α 射線的特點做成電離室，使空氣電離，

形成離子電流。當火災產生的煙霧飄進電離室時，離子電流發生變化，使和它相連的警報系統發出火災警報。這種報警裝置體積小，不污染環境，靈敏度高。利用鋂241還可製造監測溫度、毒氣等的儀器。

人造元素都能放出不同的射線，是良好的輻射源。例如：鋂241可以做γ射線源，用來測定痕量元素（極其微量、只有痕跡的元素）、分析溶液等。

1949年，美國科學家湯普森、吉奧索和西博格用人工方法轟擊鋂241，製得了第97號元素，他們命名為「鉳（Bk）」。鉳（Berkelium）是從Berkeley轉化來的，因為它是在美國加利福尼亞貝爾克利城的迴旋加速器幫助下製成的。

鉳是放射性金屬元素，壽命很短，到目前為止所得到的鉳的同位素的半衰期不超過幾小時，因此應用就困難了。

1950年，美國科學家湯普森、小斯特里特、吉奧索和西博格用阿爾法粒子轟擊鋦242，製得第98號元素，他們命名為「鉲（Cf）」。鉲（Californium）是從Californa得名的，它是在加利福尼亞州製得的。

鉲有11種同位素，其中鉲249、鉲251、鉲252、鉲254四種同位素比較重要。最引人注目的是鉲252，它在原子核裂變過程中會自動地放出中子，因此它被用作最強的中子源。每1微克（1微克＝0.000001克）鉲252，每秒鐘能自動地釋放出1.7億個中子，同時放出大量的熱。

鉲252也是很好的核燃料。鉲252發生爆炸所需要的最小質量只有1.5克。也就是說，只有綠豆那樣小的一點兒鉲，就可以製造微型原子彈。

鉲246的半衰期只有35小時，而鉲252的半衰期是2.65年，

它能自動地放出大量的高能中子。鉲252是一種得天獨厚的中子源，是任何反應爐所望塵莫及的。中子照相是一種新發展起來的無損檢驗方法，既可以檢查機械部件的內部有無缺損，還可以用作醫院臨床診斷，比X光照相辨別更為明晰。

鉲252做中子源，可以用於中子活化分析。這是一種靈敏而快速的物理分析法，在幾分鐘內可以分析出一百萬分之一到一億分之一克的痕量元素。在考古工作中，用中子活化分析法，可以判斷古代文物的年代和其他特徵，對被照射過的古物沒有損害。

利用鉲252中子源可以測定石油油井出油層和水層的介面，也可以測量土壤濕度、地下水的分布等情況。英國、日本等國已開始中子治療癌症，療效比X射線和γ射線更好。

人工製造鉲，技術複雜，產量極少，成本昂貴，應用上就受到了限制。目前世界上每年只製得鉲幾克。價格用微克來計算：每0.1微克鉲價100美元，每克鉲價格就是10億美元。可以說，鉲是世界上最昂貴的金屬。

人們繼續尋找「超鈈元素」。第99號、第100號元素還沒有製得以前，卻在一次爆炸試驗中無意發現了。那是在1952年11月，美國在太平洋馬紹爾群島的一個珊瑚島上空爆炸了第一顆氫彈。這次是利用氘聚變成氦時所釋放的巨大能量進行爆炸的。爆炸的威力相當於1,000萬噸TNT炸藥，是在廣島爆炸的那顆原子彈爆炸力的500倍。這次爆炸是那樣厲害，竟把那個小島炸個精光。

科學家蒐集了附近愛尼維托克環形島上約1噸珊瑚，對它進行了大量化學處理以後，分離出了微量的鑀253同位素（第99號元素）和鐨255同位素（第100號元素）。

　　1952年，美國的吉奧索等用人工製得了「鑀（Es）」元素，鑀（Einsteinium）的原意即「愛因斯坦」，是為了紀念美國著名科學家愛因斯坦而命名的。

　　1953年，美國的吉奧索等人用人工製得了「鑽（Fm）」元素，鑽（Fermium）的原意是「費米」，是為了紀念義大利科學家費米而命名的。

「添丁」的麻煩

　　至目前為止，人類總共發現了109種元素，以及1,500多種同位素（其中穩定的同位素272個，其餘為不穩定的同位素）。照理說，在元素家族中「添丁」是一件喜事。可是，事情出乎意外，隨著那些姍姍來遲的新元素的誕生，卻給人們帶來了「麻煩」。

　　從第102號元素以後，人們都是以重離子炮彈轟擊來製得新元素。這種實驗情況十分複雜，而辨認個別短壽命新元素原子的「身分」是在幾十億個副原子的強干擾放射性輻射的本質上進行的。在這種困難的情況下，有些工作產生錯誤是不足為奇的。這樣，在新元素發現的優先權和新元素命名的問題上引起了爭論。嚴重的分歧主要來自前蘇聯、美國兩國科學家。

　　1964年，前蘇聯宣布，蘇聯科學家弗列羅夫等發現了第104號元素，並命名這個新元素為「鑪（Ku）」。這是為了紀念逝世的前蘇聯原子物理學家庫爾恰托夫。

　　1968年，前蘇聯又宣布，弗列羅夫等發現了第105號元素，命名這個新元素為「鈹（Ns）」，以紀念原子物理學尼爾斯·玻爾。

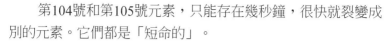

第104號和第105號元素，只能存在幾秒鐘，很快就裂變成別的元素。它們都是「短命的」。

1974年，前蘇聯宣布，弗列羅夫等用鉻的原子核去轟擊鉛的原子核，製得了第106號元素，當時沒有命名。

在國際會議上，美國科學家對蘇聯發現第104、105、106三個新元素表示懷疑，蘇聯科學家也反唇相譏。

與此同時，美國科學家也宣布先後發現了這三個新元素。

1969年，美國化學家吉奧索等製得了第104號新元素，命名這個元素為「鑪（Rf）」，用來紀念著名物理學家盧瑟福。

1970年，美國的吉奧索等人製得了第105號新元素，命名這個元素為「鈝（Ha）」，用來紀念德國物理學家哈恩。

1974年，美國的西博格、吉奧索等製得了106號新元素，當時沒有命名。

1976年，前蘇聯又宣稱弗列羅夫等以鉻原子核轟擊鉍的原子核，製得了第107號元素的同位素261。但是，德國認為，第107號元素是德國達姆施塔特重離子研究機構，彼得·阿姆布魯斯教授在1981年2月發現的。第107號元素的壽命十分短暫，它只能存在1毫秒，真是瞬間即逝。

1982年9月，前聯邦德國的阿姆布魯斯等在直線加速器中採用高速鐵離子為炮彈，對準鉍的靶子，整整轟了15天，終於得到了第109號元素。它的壽命也很短，只存在5毫秒就分裂成107號元素。經過223毫秒，又放出一個α粒子，變成了105號元素的同位素。

1984年3月，前聯邦德國又宣布，達姆施塔特重離子研究機構的物理學家戈特弗里德·明岑貝格、西爾德·霍夫曼、維利布羅爾德·賴斯多夫和卡爾·海因茨·施密特等人，人工合

成了第108號化學元素，這是在實驗室的粒子加速器中合成鐵原子和鉛原子獲得的。

第108號元素的壽命也很短暫，因此，它只有科學方面的意義。

由於已有3個國家對新元素的發現有著爭論，都認為自己是某種新元素的發現者，擁有命名權，世界上就出現了3種元素週期表。這成了「添丁之憂」。

1977年8月，國際化學會無機化學分會為此作出了一項決定：從104號元素以後，不再以人名、國名來命名，都採用新元素的原子序數的拉丁文數字縮寫來命名。即：

nil－0、un－1、bi－2、tri－3、quad－4、pent－5、hex－6、sep－7、oct－8、enn－9。

根據上列規定辦法，從104號以後的化學元素的命名應該如下：

	拉丁語名	元素符號	中文譯名
第104號	Unnilquadium	Rf	一〇四
第105號	Unnilpentium	Ha	一〇五
第106號	Unnilhexium	Unh	一〇六
第107號	Unnilseptium	Uns	一〇七
第108號	Unniloctium	Uno	一〇八
第109號	Unnilennium	Une	一〇九

這樣，不僅剛誕生的元素有了名稱，連那些預言的元素，也早已有了名字，不會再發生矛盾。

永無止境

世界上到底有多少種化學元素？人們能不能繼續不斷地製造出新的元素來？

有些科學家曾經預言說，用人工製得了10多種元素，它們的壽命都很短，像107號、108號、109號元素，存在的時間還不足1秒。今後，人們會繼續製造出幾種新的元素，但是為數不多了。也就是說，化學元素的編號是有限的，不可能綿延無盡。

今後，人工合成新元素的困難會越來越大。因為原子核在整個原子中占的體積太小，原子大炮很難擊中它。而原子核帶正電，兩個原子核相遇互相排斥，原子核越大，這種排斥力也越大。所以必須有足夠強的高能重離子加速器，使兩個核的相對速度至少達到光速的十分之一，才能克服這種排斥力，使兩個核融為一體。

可是，人們對元素的穩定性展開深入研究以後，注意到在原子核中，如果質子數和中子數是某些特定的數字（2、8、20、28、50、82、114、126、164等），這些原子核就比較穩定，壽命比較長。但是，出現這種情況的原因卻長期搞不清楚，因為這幾個數目實在令人費解，大家為它們取名叫幻數。

穩定的核具有幻數，當然具有幻數的核也可能是穩定的了。於是，有些科學家提出了「超重核穩定島」的假說。這種假說認為，原子序數114附近會有一些比較穩定的元素，能夠起到鈈一樣的作用，並成為原子彈的原料和核燃料的原料的元素。

人們根據這種假說，還計算出這些元素的半衰期可能長達1億年之久。也就是說，如果這些元素被發現以後，它們將像金、銀、銅一樣「長壽」，在生產中得到應用。

　　由於這些元素的周圍都是些半衰期極短的不穩定性元素，就像在不穩定的海洋中存在著一座以質子數114、中子數164為頂峰的穩定元素的海島，所以人們把這個假說叫做「超重核穩定島」存在的假說。

　　航海家有一個經驗，如果在航途中碰到幾隻海鳥，那麼，就說明陸地或海島臨近了。科學家發現的104、105、106和107號元素的新同位素的性質表明，穩定島是存在的。

　　在1977年，還有一件事證實了穩定島的存在。在隕石中和在過濾地下熱水的離子交換樹中，發現了新的自發裂變輻射體。它的核在裂變中平均釋放出3～6個中子。這種物質的核的裂變是很不平凡的，物質的揮發性接近於鍺和鉛的化合物的揮發性。超重元素的理論所預見的性質大致也是這樣。

　　科學家甚至預言了第114號元素的一些性質：是一種金屬，同鉛類似，密度每立方公分為16克，熔點67℃，沸點147℃。它可以用來製造隨身攜帶的微型核武器。甚至說，在隕石中得到了114種元素。科學家還預言說，第110號和164號元素，也將是一種長命的元素，可以存在1000萬年以上。

　　探索穩定島的工作只不過剛剛開始，這個假說是真理還是謬誤，需要由科學實踐來驗證。

　　1976年，美國傳來了一個驚人的消息：美國科學家用X射線譜從馬達加斯加島的獨居石礦中發現微量的四種新元素第116號、第124號、第126號和第127號。可是，這些都還沒有取得最後的科學證實。

　　微觀廣袤無際，這真是一個沒完沒了的故事。自然界為什麼有這麼多的基本粒子？宇宙萬物的組成是不是還有更基本的粒子？這又是一塊「新大陸」。人類對物質世界的認識永無止境！

専欄一

門捷列夫小傳

1869年，化學界的神巫時代雖然早就過去了，但是神巫時代的精神還是拖著一條彗星式的尾巴。門捷列夫可以說就是這顆彗星。他是一位特殊的科學家，坐在一所著名大學的化學首席教授的寶座上，身上披著「預言者」的外衣。「有一個尚未出世的元素，名曰類鋁，可以猜想得到，它的性質和鋁相似。你若去找它，一定會找得到。」這是化學史上第一句真正的預言，自俄羅斯發出。以後不久，接二連三的預言接踵而來，使整個科學界都向他瞠目。門捷列夫是不是也知道魔術師的水晶球裡的消息？是不是他也攀過茄藍山，得到先知們所認識的新元素的石板？

當Lavoisier將錫封在燒瓶裡加熱的時候，看見它樣子變了，重量也變了。他忽然想出一條與眾不同的「真理」──反燃素說，於是作了許多別的變化的預言。1869年的前兩年，Lockyer用Bunsen和Kichhof新發明的儀器──分光鏡，窺看9300萬里以外的太陽，看見現在已經證明為氦元素的光帶，也作了一番預言式的推測。他如Avogadro、 Dalton、 Kekule等人的學說，又何嘗不能當做一篇預言，一篇先知們的思想學說來看？門捷列夫不過是來得最後驚動人最厲害的罷了。

　　門捷列夫的先人都是英雄一般的先驅者。他出世前的100年，彼得大帝進軍到西俄羅斯，在一次行軍中遇到了瘟疫，就有許多人留下來，留在一個稱為俄羅斯之高的好地方。從此以後的6、70年間，許多所謂殷實的人都紛紛向東移。到了1787年，門捷列夫的祖父在西伯利亞的Tobolsk地方開了第一所印刷店，還發行了全西伯利亞唯此一份的報紙「Lrtysch」。他們確實是先驅者，不是以先驅自居的田舍郎。因為他的祖父及父親等並沒有安居下來，承繼祖業，他們還是到處飄泊。直到1834年2月7日，門捷列夫誕生，算起來他們這一族幾乎有200年沒有定居過，他是17位兄弟中最小的一個。

　　他小時候的家，可說是很不幸的。

　　他的父親原來是一所高等學校的校長，因為後來眼睛瞎了，不久就死於肺炎。他的母親Maria Korniloff是位美麗的韃靼人，她很能幹地將一家大小帶回老家，並開設西伯利亞第一所玻璃工廠。當時，Tobolsk事實上是俄羅斯的行政中心。有一位所謂1825年反叛的罪犯，即所謂12月黨（Decembrist）黨員和他的姐姐結婚，門捷列夫就在這時候開始學習「自然科學」。

　　不幸得很，他們的玻璃廠被火燒掉了。他們兄弟姐妹等不得不各走各的路。年紀最小的門捷列夫本想陪伴他年老的母親到莫斯科去，在那裡或許還有機會進大學。可是，政府出來干涉他們的行動，他們把他的母親送到聖·彼得堡（St. Petersburg）去，將他留下來，送進Pedagogical（師範）學校的科學部。這所學校是專門為當地高等學校訓練教員的。他在這裡並不得意，只是專心注意數學、物理和化學，同級的同學都很嫌棄他。當然，他也看不起他們，以及他們所自恃的學問。幾年以後，當他有機會在討論俄羅斯的教育問題的會議上發言

時，他就說：「我們現在不應該過著柏拉圖式的日子，我們需要更多的牛頓去發現自然的秘密，好用來改善我們的生活！」

門捷列夫在學校裡很用功，學業成績一直都是名列前茅。可惜，他從小身體就不好。當他得到他母親的死訊時，更日漸消瘦了。醫生勸他至少要休息6個月，他為了健康也就隻身南去，在克里米亞（Criměa）的鄉下，得到了一個科學導師的位置。

當克里米亞戰爭爆發的時候，他就遷居到敖得薩（Odessa）。22歲那年又回到聖·彼得堡，以辦私塾教書謀生活。幾年之後，他覺得在俄國沒有辦法在科學上有所長進，遂到了法國和德國。在巴黎，他進入Henri Regnault實驗室。第2年，他自己就在Heidelberg設立了一個實驗室，設備當然十分簡陋。可是，他可以時常到別的化學家的家裡去，譬如向Bunsen和Kirchhof二人學習分光鏡的用法，和Kopp一道在Karlsruhe的議士廳裡，聽聽名人的演講，如Avogadro的分子大模型、Cannizzaro的原子量說等。經過了和他們這幾年的相處，他獲益匪淺。到了以後，他自己也竟有機會在一些具有歷史性的會議裡一顯身手。到此為止，可以說是他平生的「Wanderjahre（流浪的日子）」的結束。

他雖不流浪，但沒有獲得安逸。結婚之後，他變得非常忙碌。譬如在兩個月內編完一本500頁厚的有機化學教科書，因而得到Domidoff獎金。趕寫一篇《論水與酒精之結合》的論文，獲得了化學博士的頭銜。那時他只有32歲，世人都稱他為化學的哲學家。其實他是精確的實驗者，有著高超的見識。因此他被聖·彼得堡大學賞識，被聘為正教授。

此後20年，他研究元素週期律，這點容後詳述。當時是沙

皇的極盛時代，而社會文化則從希望趨向幻滅，到處充滿著貪恣、虛偽、愚昧、殘酷與專橫。可是在文化方面，交流著趨於平凡的思想與行為。經過托爾斯泰、奧斯特洛夫斯基、柯皮林等人在文學方面的努力，「到民間去」的口號叫得響亮了。門氏是願意與「民」親近的。他喜歡旅行遊歷，專門找農人和工人交談，而且喜歡乘坐三等車。他雖然沒有參加秘密反對沙皇的組織，但在言行上，對沙皇也絕沒好感，而且儘量避免政府工作，遠遠地離開中央控制。總之，他是化學家，是自然哲學家，也是社會改造的熱心者。他重視社會的正義，知道為人類工作，為人類將來的幸福而努力。

1876年，他自動請求政府批准他到美國賓夕法尼亞州去勘察當地的油田。當時，還沒有人知道石油工業的重要，他看到Drake上校於1859年在美國賓州的Titusville地方，鑽了一個深69尺油井的報告，覺得這是一個很值得注意的事情，應該為祖國的人們所知道。所以，他自動地去該處親自試驗。他又讀到Marco Polo所撰的一篇文章，述及高加索境內Baku地方也有從地下流出來的液體，可以燃燒，他又趕到這地方去試驗。他晚年變成了一位過激的「愛國者」。1904年2月日俄戰爭，他一心一意地想獲得勝利，自動參加海軍，為海軍發明一種無煙火藥Pyrocollodion（焦性火棉膠）。然而，終究挽回不了戰爭敗局。當時他已是過了70歲的人了，當然承受不了戰敗的刺激。1907年2月的一天，這位老化學家稍稍著了點涼，在聽著家人讀Verne的《遊行北極的日記》的時候，便與世永辭了。俄國著名的分析化學家Menschutkin，遲他兩天而逝，就是長年在俄國的有機化學家Fridrich K. Beilstein也在他逝世周年之內去世了。在這兩年，俄國的化學家真像是陷入了大風暴之中。

門捷列夫在國外獲得的榮譽，比在國內多得多。1880年，經過多人的推薦他才得到莫斯科大學「榮譽員」的榮譽。那時，他已發表了《元素的週期分類》，英國皇家學會已頒給他Davy獎章。幾年以後，他又得到英國化學會的Faraday獎章。以後，美、德兩國的化學會，普林斯敦大學，康橋大學，牛頓大學以及葛庭根大學都紛紛頒給他榮譽。在俄國，由於當時的經濟部長Sergius Witte再三說情，才給他當「衡量局的指導師」。

　　這些，在他日常的生活中，只占了很小的一部分。日常研究之外的大部分時間，他和妻兒在一起。當時的俄國是毫不尊重女權的國家，他獨認為女子應和男人一樣，工作與受教育的機會應該平等。所以在他的研究室與教室中，不是僅有男人的。可惜他和他第一位妻子的生活過得並不愉快，她只為他留下兩個兒女就離去了。47歲那年，他再次結婚。他的繼室Anna Ivanovna Popova是一位有藝術家氣質的年輕哥薩克人，很美。她瞭解他的感情本質，能隨時適應他的情緒，又安貧樂道。所以這時候，他們的日子過得很愉快。有幾次，門捷列夫這樣宣告說：世界上再沒有什麼事情，比我的孩子們圍繞著我使我更歡喜了。他穿著他所最崇拜的人——Les Tolstoy——穿著的衣裝，好讓Anna時常提醒他的禮貌，他屆時就遞給她一個感激的眼神。他很喜歡讀書，尤其是遊記一類的書。他喜歡好的音樂和圖畫，並不喜歡歌劇院裡的歌劇。Anna會鉛筆畫，他不斷地讚賞與鼓勵她。他的書房中，掛滿了她畫的Lavoisier Newton、Faraday和Dumas等的畫像。

　　1869年是門捷列夫在學術上開始有成就的一年。此後，他整整費了20年的光陰，從事於讀書、研究、實驗，進行化學元素秩序的探索。每天他將得到的有關元素資料，加以整理

及編排，希望將自然界所隱含著的秩序顯示出來。這是一件非常繁重的工作。他牢記著幾千個科學家，分別在幾百座的實驗室裡，尋找著促進世界文明的元素的事蹟。有時候，往往為了一、兩個不完全的資料，他親自實驗加以補齊，因此更費了他許多的時間。

元素的數目與日俱增。古代技藝家用來製造器皿的金、銀、銅、鐵、汞、鉛、錫、硫和碳，後來的煉金術士又加入了6個新元素。因為他們只想尋找「金種」和長生丹的共熔劑，所以自然對他們也特別隱密。當哥倫布發現美洲的那一年，德國物理學家Basil Valentine發現了銻，這是敲開自然界秘藏的先聲，難怪對它作了一番很神奇的描述。1530年，另外一位德國人Georgius Agricola編了一本《冶礦學》（De Re Melallica），其中提及鉍元素，但是所占的篇幅很少（1912年Herbert Hoover夫婦將它譯成英文）。之後，Paracelsus將金屬鋅介紹給西方世界。Brande從尿中找出磷，他將砷與鈷也加入了元素表。

18世紀初期，又有14種新的元素陸續被發現。在Choco海外的Colombia，有位西班牙船員Don Antonio de Ulloa拾到一塊很重的怪石，事實上是一塊隕石。起先沒有人去重視它，等到1735年發現有白金以後，它就身價倍增了。以後發光的鎳，燒不著的氫，不活潑的氮，生活必需的氧，促人殘廢的氯，可以作防盜設備用的錳，耐熱燈絲的鎢，摻入銅中使之不鏽的鉻，以及鋼的組織材料鉬、鉭等都出世了，還有比較特別的鈦、鋯、鈾也相繼問世。

揭開19世紀元素史的是一位英國人Hatchett發現了鈳（最近改為鈮，Niobium），它蘊藏在Connecticut Valley到British Museum一帶的黑色礦石中。這一段時間，發現元素的捷報頻

傳。到了1869年，英國、法國、德國和瑞典的化學雜誌裡，已有63種元素的報導。

門捷列夫蒐集了這63種元素的各種資料，甚至於對反應性能極高、只知道其存在而尚沒有實證的氟，他也補全了資料。這時候，擺在他面前的是這樣的一堆元素。各元素的原子量由氫的1到鈾的233.8，沒有一個相同。在常態下，像氧、氯等成氣體存在，汞、溴成液體存在，別的都是固體。有些金屬非常堅硬，如白金和銥；有些又非常柔軟，如鈉和鉀。鋰這金屬非常輕，輕得可以浮在水面，而鋨也是金屬，卻比水重23.5倍。金是黃色的，碘、鐵則是灰色，磷是白色的，溴又呈紅色。有些金屬，如鎳和鉻可以作高度的磨光，有的如鉛和鋁，再怎樣也磨不光滑。金曝露在空氣中不可能起什麼變化，鐵就很容易生鏽，碘則化成氣。有些元素的分子，如氧成對，有些成三，有些成四，成八。再如鉀、氟等元素，若沒有戴上手套去抓它，是非常危險的事，有些就是握住幾百年也沒有關係……這些元素的物理特性和化學性質是多麼奇妙多變而令人迷惑！

這些元素的本性，有沒有規律可以尋覓？在這些元素之間，有什麼聯繫的因素？在這些元素之間，也能像以前Darwin氏發現有機生物的多型變化律一樣，整理出一個頭緒嗎？門捷列夫也感覺茫茫然了。可是，這些問題促使他時常去思考。漸漸地，他真的深入此境，與這些問題分不開了。

最初，他將元素依原子量的大小排列一下，從最小的氫排到最大的鈾。看來，這樣的一個秩序並沒有什麼特殊的意義。這時候，門捷列夫還不知道，3年前，英國人John Newlands在Burlington House的英國化學會上，就宣讀過一篇類似的元素秩序的文章。Newlands還說過：每8個元素之後，其性質又與

開始的一個元素的性質相近。他又提出一個譬喻來證實他的理由。他將元素表排成鋼琴的琴鍵一般的樣子，88個鍵，每8個一組，每組各成一個週期。他說：「每一組元素相互間作很相似的排列，就像音樂裡的八音律一樣。」當時，在倫敦有學問的人士都笑他的「八音律」。Foster教授曾諷刺他說：假使事先他將元素各種性質都讀通了，就不會說這些話了！他這樣想：化學元素的秩序和鋼琴裡的鍵盤一樣，那麼，將鈉在水中發出唧唧的聲音，比做是高音部，應該沒有什麼可奇怪吧！但別的人都說「太奇怪了！」於是 Newlands 也就被人遺忘了。

門捷列夫清澈的觀察，當然不會陷入此泥淖之中。他用63張卡片，每一張寫了一個元素的名字與性質，將這些卡片釘在實驗室的牆上，然後一一計算這些資料，將相似的元素的卡片放在一起，重新編排秩序，再釘在牆上。反覆地這樣做，其間的關係就漸漸地明朗了。

門捷列夫將元素分為7種，並且是由鋰（原子量7）開始的，其次六類開始的是鈹（原子量6）、硼（11）、碳（12）、氮（14）、氧（16）和氟（19），這些算是第一列元素。第二列為首的是次重的一個元素鈉（23），它的物理性質和化學性質都和鈹很相近，所以將鈉排在鈹的後面。依次排了5個元素後到了氯，這個元素與氟的性質極其相似，因此他覺得真是一件奇蹟，並繼續地作了更多的研究，而完成了一張方形的元素週期表。他為這張元素週期表寫了一篇非常著名的報告，宣告「元素都能固定在一個位置上」。如活性非常大的金屬鋰、鈉、鉀、銣、銫組成第一組（他當時稱為第一號），而活性非常大的非金屬如氟、氯、溴、碘編成第七組。

所以，門捷列夫的發現，意思是說：「元素的性質」是

「其等原子量的週期」的函數。這就是說：每相隔若干（7個）元素，其性質就相似地重複一次。他所發現的是多麼簡單的自然規律！在他的元素週期表中，第一族元素每兩個原子可以和一個氧原子結合；第二族元素每一個原子只和一個氧原子結合；第三族元素是兩個原子和三個氧原子結合。以後的幾族都可以依此類推。自然界中還有比這更簡單的自然規律嗎？由於他的研究，使後人只要知道一族元素裡的任何一元素的性質，那麼全族元素的性質都可以推測出來，這對於化學的學習是多麼輕而易舉！

這個元素表會不會也是徒然虛做一番呢？門捷列夫自己也不敢確定。他一再在元素最稀罕的性質上研究，一再翻讀他抄過的化學文獻。窮年累月地在炎熱的實驗室裡，眼睜著真實的元素，思考著它們應有的規律，又害怕他的判斷會給後人留下笑柄。在這種情形之下，他找出了碘原子的附近有一錯誤。依照原子量碘為127，碲為128，碘應該在碲的前面，他考慮若碲在碘的前面，原子量應該在123～126之間。他很想為此作一篇預言式的論文，申述他的推測。後來他想其中可能還有別的原因，所以雖然還是將碲排在前面，但在其旁邊加上一個問號，表示對該原子存疑而已。當時他不責備測算原子量的人的錯誤，而只支援它應有的地位，他的見解終為後人所證實。這是他預言之外的見識。

金在當時所容許的原子量是196.2，正好在鉑元素之下，而鉑反而坐在金之上的位置，原子量為196.7。一些專愛挑剔別人的人叫囂起來了，大家都罵他的這種排列法不準確。門捷列夫這次卻勇敢地宣稱：這一定是分析人的錯誤，他的元素週期表是不會錯的。他叫他們別喧鬧，總有一天他的話會被證實的。

以後，精密的化學天平證實了他的話不錯，他再次地勝利了。金的原子量確實比鉑重。從此以後人們當他是一位神秘的人物，都尊重而敬畏他。

門捷列夫最大的難題是元素週期表的空格了。這裡應該是空著？還是一些迷失的元素尚未給人們發現？他勇敢地判斷是「迷失的元素」的空位，開始作著這樣的預言。

第三族元素在鋁的下面有一個空隙，他就作類鋁的預言。及後，他在砷與類鋁之間又找到一個空隙，是屬於第四族的，恰好在矽的下面，他就做了類矽的預測報告，並且正式向世人發布。

這位歐陸的外邦人，世人都矚目的預言家，他的兩、三篇論文發表之後，全世界的許多化學家，在地殼中，在工廠的灰燼裡，在海底，以及在任何遇到的角落裡，都在尋找著他預言的幾個元素。而且無論冬夏，經常有人跑到門捷列夫那裡去，聽他講演他的如是觀。到了1875年，他預言過的第一種元素終於發現了，Lecoq de Boisbandran從Pyrences鋅礦裡獲得類鋁的元素。他用分光鏡知道在這礦石中有一種新元素，分離並測驗其性質的結果，與門捷列夫所預言的類鋁相似，Lecoq命名作Gallium「鎵」。

可是，這並沒有很快地令人信服。大家都說「不過是偶然的巧合而已」。要是真的有人對新元素能預算得那麼準確，那麼，也應該有人可以預言在天空中什麼時候，會誕生一顆新星了。化學之父Lavoisier氏不是曾經說過這樣一句話嗎：「所有對元素的數量和性質的說法，都是形而上學者的辯論，徒使我們墜入雲霄之中。」

然而，德國方面又傳來新的消息，Winkler找到另一種新

元素。他測得很像門捷列夫的類矽，他自己也惶恐起來。他知道俄國人的預言說：有一種灰色的元素，原子量約為72，比重約5.5，與各種酸作用都沒有什麼變化。他果然從銀礦的Argyrodite裡，找到一種灰白的元素。原子量為72.3，比重5.5，在空氣中加熱所得的氧化物和預言的一樣，還有別的性質也是一樣，Winkler乃把它命名為Germanium「鍺」，沒有人不承認這就是類矽了。

2年以後，Nilson在Scandinavia宣稱，他找到了類硼。於是，全世界的科學家都向在聖·彼得堡的門捷列夫表示敬意與祝賀。

門捷列夫是神聖的預言家。他認為元素週期律的淵源，可以在1860～1870年間去追尋。如法國的Chancourtois、德國的Strecher、英國的Newlands、美國的Cooke等都多少對他作了一些啟示。而且更巧的，Lothar Meyer幾乎與門捷列夫同時發現了元素週期律。他們兩個人沒有會過面，絕沒有互相討論過元素週期律。而Lothar Meyer也在1870年發表文章，刊登在*Liebig's Ann*上。可見，這是定律本身成熟了，天才與先驅者不過得天獨厚，「他們高高在上，先得到天光的回照……」。

居里夫人與鐳

　　華沙的夏天，洋溢著快樂。

　　父親、哥哥、姐姐都為瑪麗的成功而興奮不已。

　　一回到家，瑪麗的食慾大增、睡眠安穩，比剛從巴黎回來時健康多了。

　　有一天，父親問瑪麗：「瑪麗，你留在華沙教會，和爸爸住在一起好嗎？」

　　瑪麗很想再回巴黎修完數學學士學位，但是只靠父親匯款，即使過著比以前更艱苦的日子也還不夠，而且她的存款早就花完了，必須再設法籌措學費。

　　正在這時，瑪麗在巴黎念書時的一個好同學伊斯嘉寄來了一封信。

　　瑪麗曾告訴過她自己的身世、遭遇和理想，因此伊斯嘉寫了這封信，鼓勵她繼續到巴黎深造。

　　伊斯嘉已經幫瑪麗申請了「亞歷山大獎助學金」（這是為外國優秀的留學生設立的，可以慢慢償還），有600盧布，足夠她4、5個月的生活開銷。這對瑪麗來說，就像中了頭彩一般。

　　父親看到瑪麗欣喜若狂的樣子，不便阻止，只好說：「也好，你去吧，但要多注意身體。布洛妮亞來信說你用功過度，

身體都搞壞了。」

「爸爸，您不要操心，這次我一年就可以回來了。只要獲得數學學士學位，我們的願望就算達成了，那時我絕不再到別的地方去，一定跟您在一起。」

於是，9月初，瑪麗又充滿希望地起程前往巴黎。她並不知道，從此以後會永遠地離開波蘭，並成為法國人。命運真是難以預料啊！

新學期開始了。瑪麗再度進入巴黎大學文理學院，這一次只專攻數學，因此尚有閒暇兼教。

她的學生是該大學的法籍同學，程度很不錯，瑪麗只要以她過去所準備的物理學來授課即可，比起教不用功的學生輕鬆多了。

此外，她的恩師里普曼教授，還介紹她到法國工業振興協會去做研究工作。

她堅持不懈地去研究有關該協會指定的「關於各種鋼鐵的磁性問題」，希望能獲得酬金，以便償還獎助學金。但是，研究工作比她想像的困難多了。

就在她深感困擾的時候，某大學的物理教授柯巴爾斯基，竟然出乎意料地前來看她。柯巴爾斯基是一個知名度甚高的學者，瑪麗對他尊敬異常，他們曾在斯邱基村見過面。

原來，柯巴爾斯基因度假來到巴黎，順便探訪瑪麗。

瑪麗興奮不已，能在異鄉客地遇到來自波蘭的故知，真是筆墨難以形容的快事。

當晚，瑪麗應邀前往柯巴爾斯基下榻的旅社，兩人言談甚歡。除了談論近況、物理研究外，還談起有關鋼鐵磁氣性能的問題。瑪麗並告訴他，自己正為找不著適當的研究場所而頭痛

萬分。柯巴爾斯基沈吟了一會兒，說道：「我可以介紹你到一個地方去，你知道培爾・居里教授吧？他是個有名的學者，住在羅蒙街，是巴黎理化學校的教授。他或許願意借你一部分實驗室。我看，你們先見個面再說吧，明天晚上你再來一趟，我會把培爾・居里請來。」

「謝謝您，老師，明晚我一定來。」瑪麗道過謝之後，便回去了。

培爾・居里當時是巴黎理化學校的實驗室主任，是「居里天平」的發明人，且曾發表有關磁學的「居里法則」，在法、英、德的學術界頗負盛名，年紀很輕，才35歲。

第二天晚上，培爾・居里和瑪麗首次見面。柯巴爾斯基微笑地介紹說：「這位是瑪麗・斯科羅特夫斯基，從華沙來的，在巴黎大學念理學院。」

「這位是『居里法則』的發明人培爾・居里先生。」

瑪麗很虔敬地和這位仰慕已久的學者握手。

培爾・居里看起來比實際年齡還年輕，他的微笑和穩重，懾住了瑪麗的心。

從此，他們倆便經常接觸。他們是多麼相似啊，那種為了追尋知識心無旁騖的態度，簡直如出一轍。

培爾經常去瑪麗的住處，彼此暢談學問，幾乎忘了時間。

他把自己著的書送給瑪麗，上面題著：

> 送給斯科羅特夫斯基小姐。
> 以作者無限的敬意和友誼！
>
> 培爾・居里

有一天，培爾說：「瑪麗，來見見我的父母好嗎？他們都是很好的人。」

瑪麗答應了。於是，在6月裡一個氣候宜人的傍晚，他們一道前去拜訪住在巴黎市郊的老居里夫婦。

「啊，他們多麼像我的父母呀。」

瑪麗看見高尚睿智的老先生和帶著病體、精神矍鑠的老夫人時，感受到一種親切感。

居里的母親第一眼就喜歡上瑪麗了，甚至暗想著，如果培爾能娶到像瑪麗這樣純潔聰明的女孩，那該多好啊！

這次會面之後不久，老居里夫人就到瑪麗的姐姐布洛妮亞家去提親，布洛妮亞和姐夫卡基米爾也深表贊同。

至於小倆口，他們早已私心暗許，只是瑪麗仍然把對父親的諾言常記在心。

她心想，要是真的嫁給培爾，入了法國籍，那麼一直盼著我回華沙的父親，不知會有多麼失望！

日子一天天逝去。轉眼，數學學士考期將屆。為了準備功課，瑪麗有一段時間閉門苦讀，沒和培爾見面。

1894年7月，瑪麗終於以第二名的成績，獲得了數學學士學位。

此外，她也完成了法國工業振興協會的一項研究而獲得一筆酬金，因而順利地償還了600盧布獎助學金。

獎助學金財團的秘書訝然地說：「從沒有人這麼快就還清獎助學金，你倒是頭一個。」

「如果我儘早還清，你們就可以再把這筆錢借給別的清貧學生了；所以我拼命努力，設法籌措。」瑪麗回答。她那善良的心地，使秘書十分感動。

　　瑪麗又回到了華沙。

　　在三天的歸程當中，她心中不斷地縈繞著悲喜交織之情，一方面是與父親久別重逢的喜悅；一方面又是培爾依依離別的哀傷。

　　看到了久別的女兒，父親興奮地說：「瑪麗，你終於回來了，我等了好久呢！你以後不會再到別的地方去了吧？你看，爸爸等你，等得頭髮都白了呢……」

　　看見父親歡天喜地的樣子，瑪麗實在不忍說出要和培爾結婚的事。

　　但是，此刻耳際仍回盪著離別時培爾的殷殷叮嚀。培爾曾以柔和的聲調說：「瑪麗，10月一定要回巴黎來噢！」

　　怎麼辦呢？她無時無刻不在思索這件令她左右為難的事。

　　有一天，父親跟瑪麗說：「今年夏天，我們父女倆到外地去旅行吧！」

　　這是一次期盼已久的旅行，一路上洋溢著興奮和快樂，培爾的情書也鍥而不捨地隨著她的行蹤而至。

　　　親愛的瑪麗：

　　　　見信如見人。接到你的信是令我最感雀躍的事。

　　　　相信此次旅行，一定可以使你身體健康、精神愉快，也相信秋天一到，你一定會到巴黎來。

　　　　假如你真的返回巴黎，不只是我個人的幸運，也是你自己的福氣。因為在巴黎，你可以更深入地鑽研學問，為人類做一番有意義的事。

　　　　　　　　　　　　　　　　　　培爾

瑪麗看了這封信，頗有同感，因為她實在太酷愛知識了，但是為了追求學問，必須離開敵人蹂躪下的華沙，到人文薈萃的自由巴黎，一想到父親她就捨不得離開。

　　其實，瑪麗的父親早就從布洛妮亞的來信知道了一切。

　　培爾生長在一個很高雅的家庭，兄弟們都是一流的學者，培爾本身更是卓越的物理學家，應當是瑪麗的良伴。所以，旅遊歸來後，父親就主動地試探瑪麗說：「瑪麗，你隱瞞了一件重要的事，沒告訴爸爸。」說著，便拿出布洛妮亞的來信給瑪麗看。

　　「爸爸，請原諒。我實在不敢跟您提這件事，因為我如果和培爾結婚了，那就必須在巴黎定居，您會很失望的。」

　　想不到爸爸卻神情開朗地說：「我瞭解你的心情。你定居法國，我是孤單一點，但你也是為了研究學問啊，做爸爸的我，總不能反對你做有意義的事吧？至於培爾在物理學上的成就，無須布洛妮亞提我也知道，我怎會反對你和他結婚呢？爸爸雖然會寂寞些，但這並不是問題，我同意你們的婚事。」

　　多麼寬宏的父親，多麼偉大的親情，瑪麗的淚水幾乎快奪眶而出了。

　　1895年7月26日，瑪麗和培爾在老居里的家中舉行婚禮。

　　這一對學者的婚禮，不像一般人那麼鋪張，氣氛隆重、儀式簡單。

　　希拉和父親也為了參加婚禮，特地從華沙趕來。

　　婚禮過後，他倆就買了兩部腳踏車，一起度蜜月去了。

科學家母親

　　瑪麗成了「居里夫人」時是27歲，培爾當時則為36歲。

　　蜜月回來後，他倆租下了一棟公寓的五樓。每天，培爾都到理化學校授課，瑪麗則到實驗室工作，傍晚時分，兩人攜手並肩踏上歸程。

　　他們的屋子裡，只有書架、桌子、兩張簡陋的椅子，此外便空無一物。因為瑪麗認為不必要的東西就不要買，多一種家具，就得多費一番整理的功夫，讀書時間自然就減少了。

　　的確，對他們來說，家具簡單也有好處，來客沒椅子坐絕不會久留，這真是打發閒客的良策。

　　有一天，老居里來看他們，見到屋裡的情形，便說：「你們需要什麼，儘管說，我買給你們當新婚賀禮。」

　　瑪麗告訴公公她的想法。老居里覺得有點不可思議，但是也為他們不願浪費一分一秒的研究時間而感動萬分。

　　儘管培爾的月薪只有100法郎，對勤儉持家的瑪麗來說，卻不覺得辛苦；但是，如果為了研究而購買大批參考書的話，就顯得拮据了。為了貼補家用，瑪麗便開始準備參加中學教師檢定考試。

　　瑪麗已不是普通的家庭主婦了，她可以說是身兼數職。

　　她必須煮飯、燒菜、洗衣、打掃……還要做實驗，並為了參加中學教師檢定考試而犧牲睡眠時間。

　　時間排得緊迫，使得瑪麗連購物的時間都不充裕。每天早上，她都利用培爾還沒起床的時候上菜市場，傍晚和培爾一起回家時，再順路到食品店買點東西。

　　最初，瑪麗對做飯深感頭痛。因為她從中學畢業後就一

直沒有下廚的機會，大學時代又過著啃麵包的生活，對烹調簡
直一竅不通。如今結了婚，總不能再這樣啊！於是，瑪麗經常
抽空到姐姐家學做菜，但烹調功夫是無法速成的，即使照食譜
做，也不見得色香味俱全。幸虧凡事大而化之的培爾根本不在
意，他甚至不曾發現瑪麗瞞著他，苦心去學烹調。

「怎麼樣？好吃嗎？」

「什麼怎麼樣？我正在想一個方程式呢！」

為了想博得培爾的歡心，兩天前才去學了這道湯的燒法，
如今一聽培爾的回答，真是啼笑皆非。培爾根本不在乎學問以
外的事。

瑪麗也是一樣，不管家務如何忙碌，研究工作絕不中斷。
每天用畢晚餐、收拾乾淨、記好一天的開支後，便繼續開始讀
書了。

夫妻倆面對面而坐，在石油燈下準備功課；他們家的燈光
往往過了午夜十二點，甚至到清晨三點還亮著。

第二年的3月，約瑟夫寫了一封信給瑪麗，告訴她希拉要
結婚了，請她回華沙觀禮。瑪麗看完信旋即寫了一封回覆函。

　　哥哥：
　　　　來信收悉。我由衷祝福姐姐快樂幸福，但實在抽不
　　出時間回去。
　　　　我們每天過的是讀書、做功課的生活，既不看戲，
　　也不聽音樂，沒有一絲一毫的娛樂。
　　　　我們不得不過著如此刻苦自勵的儉樸生活，因為我
　　期望著能順利通過檢定考試而成為中學教師，這對我們的
　　經濟情況極有幫助。

　　現在，巴黎正盛開著朱槿，便宜而美麗，因此在我們簡陋的公寓中，也點綴著鮮嫩的花朵。

　　最後，請你向姐姐道賀，並請原諒我不能前去觀禮。

妹瑪麗敬上

　　在酷熱的8月裡，瑪麗終於以第一名的成績通過教師檢定考試。培爾高興地說：「恭喜你啊，瑪麗。咱們慶祝慶祝吧，打算上哪兒去玩？」

　　「騎腳踏車去兜風吧。」

　　他倆快樂地騎著腳踏車到高原地區玩了一趟。雖然生活步調很緊湊，但是他們卻不忘懷美麗的大自然。偶爾，他們會到空氣新鮮的鄉間去，鬆弛疲憊的精神和肉體，然後在大自然的撫慰下，重新恢復研究創新的活力。

　　他們越過高原，渡過溪澗，在夕陽西下時，投宿於鄉村旅店。對他們來說，在美麗的月夜裡騎車兜風，是一件其樂無窮的事情。

　　1897年9月12日，瑪麗生了一個女兒，名叫伊蓮，伊蓮後來也獲得了諾貝爾獎，但是她在初生之際卻瘦弱不堪，常讓瑪麗操心忙碌。

　　為了勝任既是人妻、人母，又是學者的重擔，瑪麗全力以赴，結果由於疲勞過度，身體逐漸衰弱了，後來經過姐夫卡基米爾的診斷，證實罹患肺結核。

　　堅強的瑪麗不禁有點擔心，因為她母親就是由於肺結核過世的。

　　想起母親，瑪麗的眼眶濕潤了。

　　姐夫勸她靜養數個月，但瑪麗的腦海裡立刻浮現出母親靜

養歸來後瘦得不成人形的模樣，因此堅拒靜養。

「我還年輕，才30歲，而伊蓮還小，我也必須繼續我的研究工作。我要靠自己堅強的意志克服病魔！」

瑪麗請了一個奶媽照顧伊蓮。當他們上班時，奶媽就陪著伊蓮，有時讓伊蓮坐在娃娃車裡，推到公園散散步。

伊蓮在公園裡開心地玩著，瑪麗有時也會離開實驗室到這裡陪陪孩子。

雖然請了奶媽，但是洗澡、換尿布的事，瑪麗不肯假手於人，因為這是一份令她喜悅的差事。

後來，伊蓮罹患了百日咳、流行性感冒。伊蓮痛苦的啼哭聲使他們無心讀書，一連好幾夜都在病榻旁守護。

老居里先生（他是個醫生）說：「由我來照顧伊蓮吧，這總比由奶媽帶著好。」

老居里先生自從伊蓮出生後不久就喪妻，過著鰥居生活，為了需人照顧的伊蓮，他決定和兒子、媳婦住在一起。

培爾另外找到一個光線良好、較為寬敞的公寓，舉家搬了過去，從此這個家除了年輕的夫妻、可愛的孩子外，還多了個慈祥的爺爺共享天倫之樂。

這位既是學者又是醫生的老人家，儘量避免干擾兒子、媳婦讀書，只專心教育小伊蓮。

家裡既然有人幫忙照料，瑪麗又萌生了著手另一項研究的勇氣。

她已獲得物理、數學學士學位，並完成法國工業振興協會委託的鋼鐵磁氣研究，也取得了中學教師的資格，下一步她想做什麼呢？她想寫博士論文。

培爾及老居里醫生也由衷鼓勵她。

日後，瑪麗能夠走過無限艱難的道路而邁向成功，成為世界一流的科學家，也是因為有他們的諒解及勉勵在支持著她。

倉庫實驗室

瑪麗生性喜歡冒險，小時候，即使要到同一個地方，她也要嘗試走不同的路，甚至去尋找別人不知道的路。而且，從日常生活中可以看出她的這種個性。

她是一個不畏艱難的人，無論遭遇何種困難，一定會設法解決的。如今，她不但想寫博士論文，而且也想選擇別人從未做過的研究，因此她先詳閱物理化學界各種最新的實驗報告，以便決定研究題目。

終於，她選定法國物理學者亨利・柏克勒爾的研究報告，展讀再三，興味盎然。

柏克勒爾教授的研究報告在物理學上極富啟發性，他的研究雖然尚未完成，卻很可能成為某種偉大研究的開端。

這些資料使瑪麗下定決心，一定要進一步去探索柏克勒爾射線。

所謂「柏克勒爾射線」，就是當時已公諸於世的X光研究的再進一步的發展。

柏克勒爾教授認為還有類似X光線的東西，於是從事這方面的研究，想不到卻意外地發現了金屬鹽——鈾。

奇妙的鈾鹽，不必給予光的刺激，本身就能夠放射光線。而且，這種不可思議的光線，還可以透過不透明物質（如黑紙），且以周圍的空氣為導體而產生作用，即使長期放置於黑暗中，也照樣放射光線。

　　這種罕見的現象，後來被瑪麗命名為「放射能」。至於「柏克勒爾射線」的能，到底是由什麼所造成的？其放射性質又如何呢？

　　那時歐洲所有的研究所都未進行過此項研究，1896年亨利‧柏克勒爾向法國科學學士院提出的報告是唯一的資料。

　　對瑪麗來說，這是她最感興趣的研究目標，說不定還會發現新元素呢！

　　瑪麗把這個想法告訴培爾，培爾深表贊同，兩人立刻著手共同研究。

　　但是，實驗室要設在哪裡呢？經培爾和理化學校校長協商的結果，由學校借給他們一間倉庫和堆置機械的棧房。

　　倉庫簡陋不堪，沒有地板，屋頂也漏雨，夏季悶熱自不待言，冬天的寒風從縫隙吹入的滋味也不好受，內部只有一塊舊黑板、一個會晃動的桌子以及煙囪生銹的壁爐。

　　早在理化學校還附屬於巴黎舊學院時，這裡是屍體解剖室，光線黝暗，濕氣又重。

　　濕氣重，對瑪麗的病體會產生不良的影響，也很可能影響電流計的準確度，但他們已經別無選擇了。此後4年，他們就在這個倉庫內研究不輟。

　　剛開始時，瑪麗一直感到很疑惑，到底柏克勒爾射線不可思議的作用，是鈾礦特有的現象，還是只是偶然而已？其他物質是否也有同樣的現象？如果是的話，那麼除了鈾之外，就必須再去發掘具有這種特殊現象的其他物質了。

　　於是，她把學校所彙集的礦石一一放在電流計的實驗臺上，再三檢視，經過若干次實驗後，在瀝青鈾礦（鈾和鐳的原礦）內發現具有相當強烈的放射能。

其實，瀝青鈾礦因含鈾，所以具有放射能是當然的；但問題在於此放射能比鈾強4倍以上。這個發現使他們興奮異常，但是真相如何仍有待查證。

是不是其間含有尚未被發現的新元素呢？果真如此，就必須苦心鑽研了，因為既沒有參考的書籍，也沒有人能夠可以給予指導。

瑪麗把她的想法告訴里普曼教授，想不到他的恩師反應冷淡地說：「居里夫人，我也曾聽說過你的研究。我認為你的研究方法可能有錯，你最好重做。」

瑪麗真想告訴他：「不，我的研究絕對沒有錯。」

可她還是強忍住了這句話，怏怏地離開學校。

但是，後來里普曼教授也承認她的研究價值。1898年4月12日，他在學士院例會席上說：「瑪麗‧斯科羅特夫斯基‧居里在實驗室內發現，有一種具有強烈放射能的新化學元素可能存在。」

這是居里夫婦從倉庫實驗室向物理學界發出的第一炮。他們研究的目的是想求證這種元素是什麼，以及它在瀝青鈾礦內的含量有多少。

後來他們發現其含量竟然不及百分之一，以其含量之微，而能放出強烈的能量，這種發現震驚了學術界。

接著他們開始分析瀝青鈾礦，探索能發出放射能的成分是什麼。最令他們驚異的是，具有放射能的竟有兩個新元素。

1898年7月，瑪麗終於發現了其中的一個，她用祖國語言波蘭文將它命名為「釙」。這是他們向科學界發出的第二炮。

艱苦的研究

居里夫婦的生活和以前一樣，除了更加忙碌外，生活條件毫無改善。

瑪麗經常利用夏天水果上市季節，購買便宜的水果自製成果醬，以供冬天時食用。除了做實驗外，瑪麗還得煮飯、燒菜、洗衣、照顧小孩，並照料年老的公公，所以她的手像工人的手一般粗糙。

在發現「釙」的狂喜之中，瑪麗也糝雜了寂寞的情緒。此時，布洛妮亞和卡基米爾要回波蘭開療養院，為祖國的肺結核患者服務。

培爾和瑪麗的研究工作從來沒有間斷過。這對因為發現「釙」而轟動世界的夫婦，在5個月後（12月26日）的科學學士院會上，又發表了第二種新元素「鐳」。

釙和鐳的發現，在學術界引起一場騷動。因為他們所發表的新元素的特性，推翻了長年以來學者們所堅信的物理學的某些法則。在以前，學者一直認為一定是受到來自外部的光，放射線物體的內部才會發出放射線來；但居里夫妻卻發現了釙和鐳的放射線是由本身內部自然放射出來的。

沒有一個人看過鐳，也沒有一個人知道鐳的原子量。有許多的學者認為世界上不可能有那種沒有原子量的物體，因此他們想看看鐳的實物。

這是當時學者們的意見，居里夫婦也不反對。

但是，如何從瀝青鈾礦中提煉出釙和鐳，以及要用何種方法證明新元素的存在，這都是大問題。而且，抽取含量如此稀少的新元素，需要為數頗巨的瀝青鈾礦，這不但得耗費龐大的

實驗費用，而且也需要一個更大的實驗室。

瀝青鈾礦可抽取玻璃工業所需的鈾鹽，這種礦產相當貴重，產於奧地利的某座礦山。

因為抽出鈾之後的殘礦內，可能就含有釙和鐳，而且殘礦價格比較便宜，於是，他們立刻請求維也納科學學士院到礦山洽詢。

實際上，奧地利也正為處理這些沒有用的殘礦而頭疼，他們不解地問：「你們要這些東西做什麼？如果要，我們可以送你一噸。」

於是，問題暫時解決了。而且奧地利方面表示，以後如果要再購買，價格可任由他們自己決定，但是他們仍然無法籌到經費。

這種捕風捉影似的實驗，法國政府不可能輔助，如今只有靠他們自行解決了。

一天早上，一輛運貨馬車來到理化學校，車上堆著滿滿的瀝青鈾礦。

瑪麗穿著工作服，從實驗室裡興奮地跳出來。

這些附著泥土、稍帶茶色的礦石裡，含有釙和鐳，瑪麗的興奮之情真是難以抑制。

他們一直看著工人卸貨。在廣闊的世界上，大概只有他們兩人對這件事具有信心了。

此後4年（瑪麗31～35歲時），是他們為了探索宇宙奧秘最艱苦的4年。

夏天，炎熱的倉庫內彌漫著濃濃的煙霧，他們身上的工作服被灰塵和汗水滲透得髒兮兮的，眼睛、喉嚨也被煙薰嗆得刺痛，可是仍努力不懈地用大鍋爐提煉礦石。

實驗室太狹窄了，他們只好把機器搬到外頭工作。每年秋季，巴黎經常有突來的陣雨，因此他們又得匆匆忙忙地把機器搬進屋子裡。

寒冬時，窗戶也必須隨時打開，免得氣體無法排出去而導致中毒，因此他們往往被凍得連握筆做記錄都成問題。

在有風的日子裡，灰塵會吹入室內，吹走重要的卡片。有時工作進行得正順利時，伊蓮卻發燒生病了。

照顧孩子、老人、洗衣、煮飯……當瑪麗把工作一件件做好後，已過了晚上十點鐘了。此時，她又開始安排第二天的研究預訂表、閱讀參考論文……上床時往往已是凌晨兩點。

這就是醫生囑咐必須靜養的病人該過的生活嗎？

第二年、第三年，一直都是這樣過的。瑪麗認為這時的生活，比起在閣樓上啃麵包、喝白開水、趴在桌上為準備考試而忙碌的大學生活好多了。

居里夫婦不斷地從奧地利購買瀝青鈾礦做實驗，但是一直沒有結果。

研究工作的困難及生活的艱辛，培爾灰心了，但瑪麗仍以堅強的意志鼓勵他再接再勵。

他們每隔一年便發表一次研究報告，雖然沒有什麼突破性，卻是物理學上有關放射能的重要報告，因此頗受人關注。

這時，一位年輕的化學家安德烈·波恩特地到他們的實驗室來，給予他們精神上的鼓勵。波恩是「鋼」元素的發現者，他深知研究的艱苦。

「祝你們成功。」他握緊住居里夫婦的手，由衷地祝福他們。

居里夫婦高興異常，在最艱難的時候，這位瞭解他們的同

道來訪，使夫婦倆勇氣倍增、精神十足。

他們繼續苦鬥，但是經濟狀況愈來愈差了。

存款已經消耗得差不多了。想到這裡，兩人的心情都變得很沈重。

一天早上，瑪麗正想開始工作，培爾遞給她一封信說道：「瑪麗，這封信是日內瓦大學寄來的。」瑪麗以疑惑的神情展讀這封信。

> 培爾‧居里先生暨夫人：
>
> 　　聞知先生及夫人有關鐳的研究，敝人深表欽佩。茲以下列條件聘請兩位擔任敝校教授並負責指導實驗所工作。
>
> 　　一、培爾‧居里先生擔任物理教授。
>
> 　　　　（薪水一萬法郎，房租津貼另計。）
>
> 　　二、先生同時指導物理學實驗所。
>
> 　　　　（有關實驗所需經費面議，實驗器材可追加購買，並提供兩名研究助理。）
>
> 　　三、夫人由實驗所給予正式職位。
>
> 　　　　　　　　　　　　　　　　瑞士日內瓦大學校長

這是一份條件優厚、語氣誠摯的聘書。有了一萬法郎的薪水，又可添購實驗器材了，真是從天而降的大好消息。

培爾幾乎為之所動了，但是，第二天，瑪麗卻對培爾說：「我想了一個晚上，我覺得我們還是不要接受這份聘書比較好。」

培爾為之一愣，但隨後也明白過來了，說道：「你說得對，瑪麗，我也有同感。假如接受了聘書，就得花好幾個月來

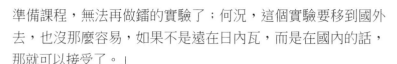

準備課程，無法再做鐳的實驗了；何況，這個實驗要移到國外去，也沒那麼容易，如果不是遠在日內瓦，而是在國內的話，那就可以接受了。」

培爾聳聳肩，無可奈何地歎口氣又說：「但是，我們還是要為生活另外想想辦法。我最近要辭去理化學校的教職，到醫科大學預備學校去教書。」

瑪麗也說：「原諒我一直瞞著你，我也曾到凡爾賽附近的塞弗爾女子高等學校去應聘。」

「哦，結果呢？」

「他們打算聘我當客座教授，教一、二年級的物理課，從7月29日開始，為期一年。」

「那太好了，可是你會更忙不過來啊！」

「這也是不得已的事，為了生活嘛！而且鐳的實驗也不能中斷啊！」

艱苦的生活，並沒有打敗堅強的瑪麗。

發現鐳

1902年4月，居里夫婦終於達到成功的第一階段了。這是從發表瀝青鈾礦裡含有鐳的研究報告以來，經過了3年9個月，好不容易才獲得的成果。

「鐳」已呈現在他們面前了。雖然只有一毫克，卻是他們多年努力和血汗的結晶，也證實了鐳這種新元素的確存在，因此這個倉庫裡的實驗室立刻成為舉世矚目的地方。

為了實驗的收穫而興奮的居里夫婦，激動得一連好幾夜都睡不著。

「培爾，今晚再去看看鐳，怎麼樣？」

「好啊，走吧。」

已是夜裡十點，老居里醫生已入睡了，伊蓮也是。瑪麗想起實驗室那一毫克的鐳，再也無法靜心看書了。

他倆披上外衣，走在寒冷的街道上。靜無一人的羅蒙街上，兩旁的住家窗口透出藍白光圈的瓦斯燈。

他倆靜悄悄地走在街道上，心裡想的都是鐳。

實驗室裡一片漆黑，他們像是被桌上唯一的藍白色磷光所懾住似的，朝著它一步一步地走過去。

放在玻璃盤裡的鐳，發出藍白色的光，好像是來自一個遙遠、陌生的世界一般。

歷時3年9個月的艱苦嘗試，鐳終於呈現在眼前了。他倆在黑暗中，滿懷激情地握緊顫抖的手，默默無言地佇立了很久，好不容易才壓抑住興奮而踏上了歸途。

一進家門，女管家揉著睡眼說：「夫人，您剛才出去時，來了一封電報。」

是約瑟夫從華沙發來的！瑪麗怵然心驚，掠過一陣不祥的陰影。

「父病危，速返。兄字」

電報上的字，冷冷地映入她的眼簾。

「啊，爸爸……」瑪麗被這突如其來的消息震駭得說不出話來。

「怎麼了，爸爸怎麼了？」培爾趕緊搶過電報來看。瑪麗立刻跌入悲傷的深淵之中。

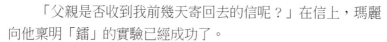

「父親是否收到我前幾天寄回去的信呢？」在信上，瑪麗向他稟明「鐳」的實驗已經成功了。

「一直盼著我成功的爸爸，卻在我即將成功之際病危了，天呀！」

「爸爸，我會趕回去看您的，請您千萬要等一等！」

約瑟夫曾來信告訴瑪麗，父親的膽囊切除了，手術情況良好，所以瑪麗頗感安心，可是誰曉得事情會是如此呢！

老居里醫生也從臥室出來了，他覺得事情堪憂，因為瑪麗的父親年歲已大。

「我必須趕快回去！」瑪麗當晚就收拾好行李準備動身。

可是，從法國到俄屬波蘭必須辦理入境手續，等著入境證的瑪麗心急如焚，上火車後，已是滿身大汗了。

北歐的5月是氣候最宜人的季節，窗外是重山疊嶺以及花朵滿樹的田園景觀。面對這一切美麗的景色，瑪麗根本無心欣賞，她只覺得火車開得好慢、好慢。

「等等我呀，爸爸，我要再見您慈祥的一面。神啊！求你保佑我爸爸。」

瑪麗日夜不斷地祈禱。但是，令人哀傷的電報又來了。

「父逝。兄字」

「啊，爸爸，您還是去了。」

瑪麗立刻從車上拍電報給哥哥、姐姐，請他們務必等她回家再舉行父親的葬禮。

抵達華沙時，父親已被安置在花圈圍繞的棺木內。瑪麗請人拔去釘子，掀開棺蓋。父親像一尊大理石像般靜靜地躺著，

嘴巴微張，似乎要對瑪麗說什麼似的。

瑪麗哽咽無言，希拉輕柔地說：「爸爸，您最疼愛的瑪麗回來了，您安詳地去吧，去天國和媽媽相聚……」

痛徹心肺的瑪麗喊了一聲「爸爸」，再也壓抑不住心中的悲慟而放聲大哭。

瑪麗的腦海裡不斷地浮現出雲煙般的往事。她想起了16歲那年，要到斯邱基村的那個飄雪的早晨，父親送她到車站的那一幕。

「爸爸，您多保重啊！」

「你也一樣，瑪麗。」

慈祥的音容，宛如就在眼前似的。

接著，瑪麗又想起修完物理學士學位回華沙和父親團聚的情景。

「爸爸……只要獲得數學學士學位，我的願望就算達成了，那時我絕不再到別的地方去，一定跟您在一起。」

誰知道事與願違，命運難料，瑪麗不僅不能承歡膝下，連父親的最後一面也見不到。

瑪麗像孩子般地哭泣著，跪在父親棺木前祈求寬恕。

哥哥、姐姐告訴瑪麗，自從她開始做鐳的實驗以後，父親對巴黎科學學士院所發表的實驗報告最感興趣。至於瑪麗寫給父親稟報已發現鐳的那封信，父親也收到了，他的興奮之情難以用語言來形容。

在去世的前6天，父親曾寫了最後的一篇日記，上面說：「瑪麗終於發現了鐳，萬歲！」

兒女們將父母親葬在一起，葬禮過後，悲傷的瑪麗再度回到了巴黎。

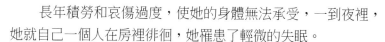

　　長年積勞和哀傷過度，使她的身體無法承受，一到夜裡，她就自己一個人在房裡徘徊，她罹患了輕微的失眠。

　　培爾也染上了關節炎，這都是疲勞過度所引起的。

　　對整個研究過程而言，鐳的發現只算是向前邁進一大步而已，離完成的階段尚有一大段距離，瑪麗為了整理實驗報告，抱病不斷地工作著。為了生活，夫妻倆分別到各個學校去兼課。

　　在艱苦的生活中，瑪麗仍然完成了一篇論文，即《有關放射能物質的研究》。

　　巴黎大學文理學院組織了三人審查委員會，負責審查這篇論文，並對瑪麗加以口試。

　　主考官是瑪麗的恩師里普曼教授。師生情誼歸情誼，考試還是公正的。

　　瑪麗對委員會提出的問題對答如流，而且態度從容，有時還拿起粉筆，在黑板上畫圖解或寫公式。

　　口試時，旁聽者不少，因為這時離她發現鐳的時間尚短，而且又是由發現者親自解說，所以吸引了不少學術界人士。

　　培爾、老居里醫生以及來自華沙的布洛妮亞也都坐在旁聽席上，他們專注地聆聽著瑪麗和審查委員會之間的問答。

　　這場口試，主考官和旁聽者都很受感動。性情溫厚的里普曼教授鄭重地宣布說：「本大學決議頒發榮譽獎和物理博士學位給瑪麗・居里。」

　　接著又對瑪麗說：「我以論文審查委員的身分向你致上由衷的賀意！」

　　在全場熱烈的掌聲中，師生緊緊地握住了雙手。

　　本來，一般人都認為發現鐳的主要功臣是培爾，瑪麗只不過是助理而已，這次的博士考試，大家總算是改觀了。

獲諾貝爾獎

為什麼鐳的發現，會成為學術界的一大衝擊呢？

過去學者始終認為，宇宙所有物體都是由固定元素所構成，其性質永遠不變。自從鐳這種新元素被發現後，此種想法就被推翻了。

鐳是一種由放射光所產生的氦氣和射氣所組合成的新元素，換句話說，放射性元素本身是不斷地在變化的。當變化達到一半時（半衰期），鈾要花上數十億年的時間，鐳則需1600年，但這種射氣才不過10年。

後來人們又發現，鐳對癌症頗具療效。此療法後來被稱為「居里療法」。

1902年，法國科學學士院撥2萬法郎給居里夫婦，請他們從5噸礦石中抽取鐳。

鐳所具備的性質極為有趣，在有陽光的地方，看不到它的磷光；在黑暗中，其光度卻足夠用來照明。而且，它放射的光線能透過任何不透明的東西。即使將它包在黑紙裡面，也能使底片感光。假如用紙或棉花包著，紙和棉花會慢慢腐蝕成粉末，只有厚鉛能將其放射線完全遮住。

鐳還可用來鑑定鑽石的真假。鑽石本身不能發光，必須靠其他的光反射，用鐳照射會發出燦爛光芒的才是真鑽石。

鐳除了會發射磷光之外，還會散放熱能。一個小時之內，它的熱量可以溶化與其重量相同的冰。假如鐳所在之處沒有散熱的裝備，它會比周圍的溫度高出10℃以上。

如果把它放在真空玻璃管內，玻璃會變成藍紫色或紫色。此外，鐳會發射一種奇怪的氣體（射氣），而且會以固定的法

則消失；溫泉水中就存有射氣。

由以上的情況可以知道，鐳的發現是深具意義的。

居里夫婦對鐳所做的實驗，真是難以數計；4年之間，總計發表了32篇報告，每次都獲得熱烈的反應。

1903年，英國皇家學士院也邀請他們前去演說。這是英國最高學府，能被邀請是無上的光榮，何況，瑪麗又是第一位被邀請的女性。

夫婦倆帶著一粒鐳到英國，在專家學者面前做各種的實驗，震驚了學術界，揚名於全英倫。

一連串的晚宴和歡迎會、香檳酒的祝賀等，使不曾接觸過酒宴的他們彷彿置身夢境中。

被包圍在珠光寶氣婦人堆中的瑪麗，身著被化學藥品弄壞了的家常服，也沒戴手套，露出因做實驗而粗糙不堪的手。培爾也穿著陳舊的衣褲。

宴席當中，許多人頌讚著他們的成就，他們倆卻漫不經心。瑪麗還暗數著貴婦人身上的飾物，心中想著：「如果我有這麼多錢，不知能做多少鐳的實驗。」

皇家倫敦協會也授予他們最高榮譽獎。

對全神貫注於研究的居里夫人來說，獎牌根本沒什麼意義，再說，陋屋內掛著金牌總是不相稱，所以她把獎牌給小伊蓮當玩具。

有位朋友來訪時看到這一幕很吃驚，但瑪麗卻說：「這是小伊蓮最喜愛的玩具。」

他們的研究熱忱和不計名利的態度感動了這位友人，這件事也傳遍了整個巴黎。

1903年12月10日，瑞典斯德哥爾摩科學學士院，決定把該

年的諾貝爾物理學獎頒給居里夫婦。

諾貝爾獎是瑞典科學家、炸藥的發明人阿佛烈・諾貝爾創設的。他把龐大的財產存入銀行或換成有價證券，在他死後每年以股息紅利贈給對世界有貢獻的人。獎額共分5類，分別是：物理化學、生物、醫學、文學、和平獎。

由於柏克勒爾射線帶給居里夫婦研究的靈感，所以該次的諾貝爾物理學獎，就由居里夫婦與亨利・柏克勒爾同享。

本來，接受獎牌的人必須列席演說，但時值寒冬，瑪麗又因過於勞累而臥病，無法長途跋涉，只好由法國公使代表居里夫婦參加。

榮獲諾貝爾物理獎的他們，聲名傳遍全世界，各國記者紛紛前來訪問他們。

對他們來說，這實在是一大困擾，從瑪麗給哥哥的信上就可以知道。

> 哥哥：
>
> 　　我們獲得了一半諾貝爾獎金（6萬法郎），對一向很窮的我們來說，極有助益，但不知何時才能領到。
>
> 　　最近，新聞記者和攝影記者都像洪水般地湧進我們的研究室，使我們無法靜心讀書，我真想躲到人煙絕跡的地方去。美國曾以很高的酬金邀請我們去巡迴演講，但我們都婉拒了。說真的，光是謝絕為我們舉行慶祝會的事，就搞得筋疲力竭了。
>
> 　　我們需要時間繼續努力研究，但是世人為什麼不瞭解我們呢？
>
> 　　　　　　　　　　　　　　　　　　　　　　妹瑪麗

1904年1月2日，諾貝爾獎金終於從瑞典寄來了，培爾因此可以辭去教職，專心致力於研究。

瑪麗立刻匯了一筆錢給在華沙開療養院的姐姐和姐夫，他們本著為窮人服務的宗旨，經營得很艱苦。

然後居里夫婦又把一部分錢捐給兩、三個科學學會。凡是從事科學研究的組織，經常會有經費上的困難，這一點他們甚為瞭解。

對於在他們研究室工作的波蘭留法女學生，以及自己任教班級裡的清貧而優秀的學生，居里夫婦也拿出一部分錢，作為獎學金，鼓勵他們上進。

此外，瑪麗還鄭重邀請華沙時候的恩師來法國一遊。

> 桑多潘老師：
>
> 　　您或許已不記得我了吧？我是瑪麗‧斯科羅特夫斯基，在華沙曾跟著您學法語，那已是我14、15歲時的往事了。老師親切的指導，我畢生難忘；老師的諄諄教誨，使我終身受益匪淺。
>
> 　　隨函所附的錢雖然微不足道，但希望老師能利用這筆錢到巴黎來。
>
> 　　我們的生活一向清苦，此次獲得諾貝爾獎實在出乎意料之外，我想以這筆錢聊表對師恩的感激之情。
>
> 　　如果老師到巴黎來，我不知會有多高興！期盼老師早點來。
>
> 　　　　　　　　　　　　　　　　　學生瑪麗敬上

不久之後，桑多潘老師果真到巴黎來了。師生相見，激動萬分，場面十分感人。

　　居里夫婦把這筆自己辛苦奮鬥得來的獎金和更多人共用。她自己依舊很節儉，而且還繼續在女子高等師範學校任教。

向命運挑戰

　　居里夫婦桌上放滿了來自世界各地的信件。有的詢問有關鐳的問題，有的邀請他們撰稿或演講，還有的要求他們轉讓專利權等。這些信加上來訪的人，使他們窮於應付。

　　說真的，製造1克的鐳就需要75萬法郎，如果他們申請專利再轉讓，一定可以獲得一筆很可觀的財產。

　　在世界各地企業家的催促下，培爾也因生活的窘迫而有點心志動搖，但如冰塊一般冷靜的瑪麗卻說：「培爾，能過富裕而舒適的生活當然很好，可是，我們並不是為了享受才做研究呀。鐳的研究，比我們當初所想的更重要，尤其在癌症的治療方面更是不可或缺，如果申請專利，我良心會不安。這麼重要的東西，我認為我們不應該獨占，我想向全世界公開鐳的秘密。」

　　直靜聽瑪麗說話的培爾，深表贊同，並且很佩服瑪麗。他說：「好，我贊成你的看法，不論是誰，只要向我們詢問，我們都會告訴他。」

　　由於居里夫婦毅然放棄由鐳致富的機會，毫不猶豫地將研究成果貢獻給全世界，因此，鐳的工業很快地就擴展至世界各個國家。

　　1905年6月，他們前往瑞典斯德哥爾摩訪問。

　　當他們在斯德哥爾摩科學學士院發表有關鐳的演講時，培爾的演講比過去任何一次都深入，吸引了許多的聽眾。

由於鐳的發現，不但推翻了物理學上的幾個根本原理，而且也揭開了地質學、氣象學等領域的某些奧秘。

演講時，培爾也對將來的問題做了一番詳盡的專門性解說，使所有的學者不得不重新評估他們的研究價值。

這趟旅行，由於氣候宜人，使得他們夫婦倆的健康情況大為好轉，而且所到之處都受到悉心的照料，這大概是培爾短暫的一生中最幸福的一段歲月吧！

回巴黎後，他們竭力避免不必要的應酬，但是他們響亮的名聲實在太吸引人了。

一天晚上，在居里夫婦家樸素的客廳內，有一場前所未見的表演，令觀賞者目瞪口呆、大聲喝采，培爾、瑪麗、伊蓮也都看得非常高興。

在電燈全部熄滅的黝暗客廳內，一隻翅膀上閃爍著藍白磷光的蝴蝶，正隨著美妙的音樂在花叢中飛舞，這是美國名舞蹈家洛伊弗萊為了答謝居里夫婦而獻演的。

原來，她由「鐳會在晚上發光」的報導中獲得了靈感，而設計了一套舞臺服裝，那就是以磷光顏料塗在華麗的舞臺上以顯現效果。當表演正式推出之後，一時之間，劇場爆滿，盛況空前。但是卻沒有人知道，在精彩演出的幕後，竟是居里夫婦這對學者的智慧。

居里夫婦的聲名傳遍世界，美國及其他國家的大學都盡力邀請他們去講學，這一來，法國政府也不好再保持緘默了。於是，法國正式聘請培爾‧居里為法國科學學士院的會員，並擔任巴黎大學文理學院物理學講座，也編列15萬法郎的預算作為居里夫婦的實驗經費。

不久之後，法國政府在距離巴黎大學有一段距離的一條街

上，興建了兩座實驗室，總計設備費3.4萬法郎，並每年撥經費1.2萬法郎，實驗所工作人員的薪資也由法國政府負擔，瑪麗是該實驗所的主任。

正當一切都很順利的時候，卻發生了一件令瑪麗傷心欲絕的事。

1906年4月19日星期四，是一個陰雨綿綿的日子。

雖已4月中旬，雨卻像冬季那般濕冷。一大早，培爾為了參加大學午餐會及商討校正書稿等事，匆匆忙忙地出門去了。下午兩點，他步出科學會館，想到出版社去。

雨，依然滂沱。在培爾橫越馬路時，左右各來了一部馬車，閃避不及的他，不幸滑倒在地，頭蓋骨被車輪輾碎了。

鮮血在驟雨的路面流散滿地，交通警察跑了過來，從死者身上的證件知道罹難者是居里教授，消息立刻傳至政府當局、巴黎大學及瑪麗的家。

亞伯特校長和伯朗教授匆匆趕到居里家，但是瑪麗不在。

傍晚六點多，在冷雨飄灑之下，毫不知情的瑪麗回來了。走到家門口時，她心裡湧起一股異樣的感覺，好似被不祥的陰影所籠罩。

「莫非出了什麼事？」瑪麗一邊沈吟，一邊推開門。只見亞伯特校長、伯朗教授，還有4、5個陌生人，神情哀傷地佇立在屋裡。

瑪麗的心緊縮了起來，疑惑不安的目光不斷地掃視著他們。大家木然地望著她，不知該從何說起。

在一室令人窒息的沈默中，亞伯特校長很艱難地啟口說：「夫人，你不要太激動。事情實在太不幸，居里先生出車禍死了。」

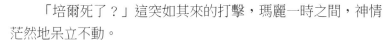

「培爾死了？」這突如其來的打擊，瑪麗一時之間，神情茫然地呆立不動。

「培爾死了！這是真的嗎？」瑪麗彷彿置身夢境中，耳際只聽到大家在談著培爾出事的情形，誰也不知道瑪麗是否聽了進去，因為她始終不言不語、眼神呆滯。

這是個確確實實的悲劇而不是夢！

救護車把培爾的屍體載回來了。今天早上微笑出門的培爾，現在卻頭綁繃帶，直挺挺地躺在擔架上被抬了回來，怎不令瑪麗哀慟欲絕！

手錶、鋼筆、研究室的鑰匙也被送回來；手錶連錶面都沒破，還滴答、滴答地走著……

瑪麗悄悄地輕吻著培爾的雙手和臉頰。

培爾頭部的繃帶早就被血染紅，看他那安詳的神態，真令人不敢相信他死得那麼慘！

「啊，培爾真的死了！」此刻，瑪麗的熱淚如決堤的河水般瀉了下來。

瑪麗回想起從前夫妻倆的談話：「我們之中，如果有一個死了，另一個也活不下去。」沒想到，11年的婚姻剎那間竟就結束了。

「他走了，我該怎麼辦呢？」在廣闊的法國，瑪麗喪失了精神支柱，培爾留下了她和9歲的伊蓮、2歲的艾芙，往後的日子真是一片黑暗。她該怎麼辦？斷翼的鳥，如何能再在空中飛翔？

「培爾，你為什麼要拋下我？我多麼想和你一道去；可是年幼的伊蓮、艾芙怎麼辦？我們共同研究的鐳，又該怎麼辦？」

瑪麗把萬般痛苦宣洩在日記上。

培爾，各地的吊唁電報、信件，在我的桌上堆積如山，報章雜誌也天天報導你的事蹟。但任何勸慰和悼念只徒增我的哀傷罷了，永遠也換不回你的生命了。

在棺木中，我放了一張我的相片和院子裡的一枝夾竹桃。培爾，你所喜愛的夾竹桃還未開花，實在遺憾啊！

你為了申請研究費的補助或想加入學術會員行列，屢遭法國政府當局和大學教授拒絕，可是，現在他們卻都向我致歉，並想在葬禮前舉行追悼演講會，我已經予以懇辭了。我知道，不管他們如何頌揚你，你的靈魂也不會高興的。如果在你生前，政府答應你的請求，那麼，在你短暫的這一生，也許會有更了不起的成就。

一切都太遲了，你再也不會回來開研究室的門了。啊，培爾，我所敬愛的丈夫，我最親切的老師，現在，你把艱難的研究交給了我，我該怎麼做才好呢？

我依你生前的意思，只讓最親近的人參加葬禮，只是，教育部長執意要送你，一直送達墓地。

這是歷代居里家的墓地，你就葬在母親旁邊，而你的旁邊，就是我將來要去的地方。最後，我在你的棺木上撒了許多花朵，永別了，培爾。

1906年4月22日

瑪麗合起日記簿，夜色已深了，不解人事的艾芙睡得正香甜呢。

巴黎的晚春，在悲傷中逝去了。

約瑟夫和布洛妮亞接獲電報匆匆趕來，卻沒趕上葬禮，消

息來得太突然，他們不知該怎麼來安慰瑪麗，只緊緊握住她的手。如果布洛妮亞真要開口，大家都會痛哭失聲的。

自從葬禮結束後，瑪麗看起來就像是個無魂的黑衣木偶一般，不曾開口說話，對前來悼問的人，也只是點頭而已。

她的公公、哥哥、姐姐很擔心，怕她想不開而尋短見。

但是，瑪麗外表看來好像因哀傷過度而麻木，其實，內心正以堅強的理智來壓抑悲傷。當她覺得孤寂、想念培爾時，就在日記上和培爾說話。

> 培爾，我們分離還沒幾天，卻像已過了一年。
>
> 你的參考書還照樣擺在桌上，帽子掛在衣架上，你的錶也依舊滴答作響……我儘量使房內的一切和以前一樣，好讓我覺得你並沒有棄我而去。
>
> 培爾，你大學物理講座和實驗所的遺缺，政府與學校當局正在研議，我現在對實驗所應該如何處理、如何繼續你的研究，最為惦記。
>
> 政府打算撥一筆養老金給我，被我拒絕了。
>
> 我還年輕，還可以教書；再說，我並未失去撫育伊蓮、艾芙到成人的勇氣。

外表沈默寡言、內心卻堅強無比的瑪麗，並沒有被哀傷擊倒。

大學當局對這位擁有理學博士頭銜的不凡女性，也不敢予以輕視。於是，他們指定瑪麗為實驗所主任。至於這個舉世注目的鐳研究實驗所的指導者，誰才是恰當的人選呢？為這件事，瑪麗在日記上寫著：

　　培爾，你最要好的朋友傑爾威和傑克認為我能勝任你以前擔任的工作，並已向學校寄出推薦函。

　　亞伯特校長也頗表贊同，如真能打破傳統，任女性為教授，那實在是令人驚訝。

　　這個令人驚異的事，果真實現了。

　　故培爾・居里的物理講座由其夫人瑪麗・居里接任。

　　雖然只是講師而非教授，卻是法國史上第一位站上大學講壇的女性，瑪麗真是百感交集。

　　我已經接任你生前的工作，坐你坐過的椅子，拿你拿過的教鞭。培爾，我的心情是錯綜複雜的。想到你經常說的話：「無論發生什麼事，無論生活如何痛苦，我們都要共同完成實驗。」這番話帶給我足夠的勇氣，所以我接受了校方的聘書。

　　你離去至今，已快一個月了。插在花瓶內的金雀兒早已盛開，藤花和菖蒲也含苞待放，這些都是你喜愛的花，但我不忍看它們，每一朵花都會讓我想到你，憶起傷心的往事。

　　震撼全世界的培爾・居里之死，經過2個月後，一切又歸於平靜了。

　　瑪麗也回復往昔的冷靜，並且滋生了一股新的勇氣。約瑟夫看見這種情形，放心地回波蘭去，姐姐布洛妮亞也準備離開了。

　　7月，培爾已過世3個月了，布洛妮亞打算第二天就要離去，瑪麗把姐姐請入臥房。

　　天氣很熱，壁爐內卻火光熊熊。

　　布洛妮亞疑惑地問：「瑪麗，你在做什麼？」

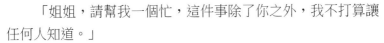

「姐姐，請幫我一個忙，這件事除了你之外，我不打算讓任何人知道。」

說著，她從壁櫥取出一個包袱，把繩帶剪斷。

「啊！」布洛妮亞嚇了一跳，「這是什麼啊？」

包袱內是血漬斑斑的衣褲，那是培爾慘死當天穿著的。

瑪麗一言不發地把它們剪碎，放入壁爐中。

染有血漬的布片，在爐火中躥起火舌而化成灰燼。

「讓所有的哀傷全隨著火焰消失吧，請賜給我生存下去的勇氣。」

堅強的瑪麗再也抑制不住，抱著布洛妮亞痛哭失聲。

布洛妮亞瞭解瑪麗的心情，於是幫著她剪碎衣裳，投入壁爐中。

燃燒吧，姐妹倆緊握雙手，如石像般望著爐火動也不動。

布洛妮亞揉搓著她的頭髮，緩緩地說：「瑪麗，一切都過去了。從明天起，比以往更艱苦的生活就要來臨了，相信你一定會克服的。從小，你就不曾被困難擊敗，我堅信你會比以前更成功，也許你會很孤寂，但是要忍耐。你是法國第一位大學女講師，不要忘了，全法國人都在注意你的表現；還有，關於鐳的單獨分離，培爾生前尚未完成，只有你才有可能完成它，培爾在天之靈會護佑著你的。瑪麗，為了祖國波蘭的榮譽，你必須努力！」

這番勸勉的話，使瑪麗的心情大為振奮。

「姐姐，謝謝你對我這麼關心。請你放心，我不會再這樣傷心難過下去的。我有培爾遺留下來的事要做，以前兩人共同努力，現在只由我一人去做，雖然不知要多久才能完成，但我一定會成功的。」

翌日，布洛妮亞離開巴黎，瑪麗又是孑然一身了。

為了忘懷過去，重新生活，經過慎重的考慮後，瑪麗在巴黎市郊租了一幢有庭院的房子。

培爾還未結婚時，就是住在這一帶，他的墳墓也在這裡。從這裡到大學實驗所，要搭半小時的火車，但是孩子們在這裡可以更接近大自然。

此後，瑪麗、伊蓮、艾芙和79歲的老居里先生4個人，開始過新生活了。

11月新學期才開始，瑪麗為了準備大學物理課程，整個暑假都在實驗所埋首準備。

為了做得比培爾更好，也為了不辜負推薦者的好意，她參閱培爾的參考書和筆記，不斷地努力；兩個孩子也暫時托親戚照顧。單獨一人有時會感到寂寞，但她還是鼓起勇氣去面對。

終於，開學了。

11月5日下午1點38分，是第一堂物理課。

一大早，瑪麗到培爾墳地獻上一束鮮花，悄聲說：「今天我就要到學校去接任你的課。為了不損害你的名譽，整個暑假我拼命地準備。身為女性，我不知能否勝利，實在是有點擔心。但我從未失去信心，為了維護諾貝爾獎得獎人的榮譽，我一定要好好做，請你在天之靈保佑。」

物理學教室裡早已坐滿了學生，想旁聽的人也從走廊排到校園。

法國有史以來第一位女講師，又是悲劇的女主角、諾貝爾獎得主，名聲早已轟動遐邇。何況今天的課程又是有關鐳放射能的說明，所以前來聽課的不只是學生，還有大學教授、新聞記者、社會人士。

上課鈴聲響了，瑪麗輕輕推開教室的門，頓時，喧嘩歸於沈寂。

瑪麗步上講臺，微微鞠躬，四周響起如雷般的掌聲。

掌聲停止了。大家屏息靜氣，想聽聽她第一句話究竟會說什麼。

「在物理學領域裡，這10年來所達成的進步……」

瑪麗以沈著、堅定的聲音，從培爾最後一堂課的這句話開始講起。這節課所講的是有關原子分裂、放射性物質的新學說。

下課時間一到，她又微微地一鞠躬，走出教室。靜心聆聽的人群如大夢初醒般瘋狂地鼓掌。

這是多麼成功的一堂課，學校當局對她的學問深表敬佩。

除了講課，瑪麗還必須到實驗室指導研究。

從實驗的策劃以至研究結果的報告，即使健壯的男人都難以勝任，可是瑪麗決定全力以赴。

現在所做的就是居里夫婦尚未完成的「鐳的單獨抽出」，工作的艱巨、實驗的困難，比準備功課更辛苦。

她的勞累與日俱增，常因腦貧血而在實驗室或家裡暈倒。健康狀況不佳的人，是不能擔任這種工作的，但是，沒有人能代替瑪麗。瑪麗具有堅強的信念，下定決心要繼承培爾的遺志，雖為學問而倒下也在所不惜。何況培爾還留給她教育伊蓮和艾芙的責任！

瑪麗對一般母親的教育方法很不以為然，總認為她們太寵孩子，也缺乏對孩子們的知識灌輸。瑪麗是怎麼教小孩的呢？

晚春某一天，巴黎郊外正下著傾盆驟雨，雷電交加，10歲的伊蓮害怕得躲在被窩裡。瑪麗一把掀開棉被，伊蓮隨即又撲

向瑪麗懷裡說：「媽，我好害怕！」

瑪麗強迫伊蓮坐在椅子上，然後以淺顯的方式告訴她雷電的原因。

「媽，如果雷落到我們家，怎麼辦？」

「不會，我們家有避雷針。」

「可是……如果掉到別人家，會發生火災。」

「不會，大家的屋子都是磚頭建的。」

「可是……我討厭閃電……」

瑪麗拉上窗簾說：「這樣，光就進不來了。」

「媽，那麼，雷的聲音不是惡魔的聲音嘍？」

「嗯，那是電的作用。惡魔從懷裡拿出光珠的說法是騙人的。」

「那麼，雷會抓小孩也是騙人的嘍？」

「是啊，雷怎麼會抓人呢？」

這時，伊蓮緊張的情緒緩和多了。

「打雷時，大家都往屋裡跑，我以為他們是怕被惡魔抓去。」

「不是，因為打雷時在外面很危險，尤其在大樹下更危險，所以大家都跑到屋裡來。屋子有避雷針，就不怕打雷了。」

「我知道了，媽，我不怕了。」

瑪麗對神怪故事最感厭惡，如果有誰在孩子面前談鬼怪，她一定不客氣地責怪他，並且撕毀所有的鬼怪書刊。

別人的小孩怕黑暗，不敢在關燈的房裡睡覺。但伊蓮和艾芙從媽媽那裡知道，黑暗的地方也沒有鬼怪，所以敢自己一個人上樓睡覺，而且晚上有事外出也不害怕。伊蓮甚至可以單獨

一人搭火車到遙遠的親戚家去。

瑪麗除了注意孩子的精神健康之外，也關心他們的身體狀況。她在院子裡設置單槓、鞦韆、跳環讓孩子玩，又送她們到體操學校鍛鍊身體。

每個星期日下午，是孩子最快樂的時候。

「媽，腳踏車的輪胎打氣打好了。」

「好，那麼我們走吧！」

於是，母女三人各騎一部腳踏車到郊外去玩。

最小的艾芙，不服輸地猛踩踏板。

涼風吹拂在她們汗濕的額頭和紅熱的臉頰上。

到草原採擷野花，在溪澗濯足，在陽光普照的草坪上吃些點心。

晚餐時，桌上的花瓶裡插著從郊外摘回來的花，芬芳四溢，爺爺也興致勃勃地聽孫女們談郊遊的趣事。

這時候，瑪麗感到最快樂。

她知道運動是心靈創傷最好的治療劑，因此苦心安排時間，陪孩子們運動，不讓她們體會失父的孤寂和缺憾。

她也常利用暑假，帶她們到海邊學游泳，因此孩子們都很健康、強壯。

培爾過世4年後，正當瑪麗的生活漸趨平靜時，又有一件不幸的事降臨。

1910年2月25日，老居里醫生因肺炎去世了。雖然瑪麗竭力看護，還是無濟於事，居里家的墓園又添了一座新墳。

伊蓮和艾芙痛失慈藹的爺爺，瑪麗只好把她們交給女管家照料。

波蘭的哥哥姐姐經常想盡辦法幫助瑪麗，尤其是希拉，經

常來照顧她們。小艾芙最愛希拉阿姨，當阿姨在時，她絕不會去吵正在做實驗的母親。

孩子雖然沒有父親，可是瑪麗絕不寵溺她們。她的管教方式很特別，當孩子不聽話時，她並不體罰她們，卻一、兩天不理她們。這種處罰使孩子受不了，不得不向母親道歉。但處罰她們時，最感痛苦的還是瑪麗自己。

再度獲獎

培爾去世之後，在實驗所孤軍奮鬥的瑪麗，獲得了出乎意料之外的援助。

美國鋼鐵大王安祖・卡內基供給她數年研究費用，使研究設備得以改善，並增加了研究員。

此外，另有一位安德烈・杜比恩協助她研究，後來瑪麗能夠成功地將鐳單獨抽出，杜比恩功不可沒。

終於，成功的一天來臨了。瑪麗榮獲了1911年的諾貝爾化學獎。

一生中榮獲兩次諾貝爾獎，史無前例。

失去了可以依賴的丈夫，又得獨力養育小孩，瑪麗在簡陋的實驗室內撐著瘦弱的身子做實驗，經常因積勞而暈厥，而且還受法國學士院的歧視（他們說她不是法國人，而是亡國的波蘭人，並且是個女人），瑪麗的苦悶向誰傾訴？

但是，她終於獲勝了。4年的努力，總算開花結果了。那時，她正好43歲。

為了參加頒獎典禮，她請布洛妮亞陪同她和伊蓮前往斯德哥爾摩。

一路上，她們各自懷著不同的心情。

伊蓮只要一想到瑞典國王將要親自頒獎給母親，就覺得母親好偉大，內心不禁充滿驕傲和幸福之感。

布洛妮亞則回想起有關瑪麗的成串往事。當年在小閣樓裡不眠不休地苦學，不飲不食而昏厥的妹妹，如今已是兩次諾貝爾獎的得主了。去世的父母親如果知道這份榮耀，該會有多高興啊！

母親去世那年，瑪麗還只是個10歲的孩子，這已是34年前的往事了。想著想著，布洛妮亞禁不住悄悄揩去臉上的淚水。

瑪麗想些什麼呢？她想起4年前曾和培爾到瑞典，事隔一年，培爾就死於車禍，而今天，她卻又再度到斯德哥爾摩來了，世事真不可預料啊。

受獎之後，瑪麗發表感言，她說：「我今天所獲得的榮譽，是我和丈夫共同研究建立的。今天，我要把諸位加予我的讚語，轉贈給丈夫培爾‧居里先生。」

回巴黎後，瑪麗因旅途勞累而病倒了，她的健康情形本來就不好，醫生勸她靜養2個月。

希拉、布洛妮亞、約瑟夫都趕來看她，見她骨瘦如柴，都很擔心。

一位朋友勸她帶著伊蓮和艾芙，到英法海峽附近的一棟別墅去靜養。

她在那裡療養期間，有一天，突然收到一封來自華沙的信。

原來，那時俄國對波蘭的管制已較為放寬，華沙大學擬成立一所放射能實驗所，請她返國指導。

接到信不久之後，華沙大學的教授也千里迢迢到巴黎來拜

訪她。

　　瑪麗當然也想為祖國貢獻一番心力。培爾健在時，法國政府就一直漠視他們，現在，她已二度獲得諾貝爾獎，法國政府的態度仍然沒有改變，研究設備仍然不夠完善。如果能在祖國從事自由的研究，總比在巴黎這種惡劣條件之下好得多。

　　瑪麗有點猶豫，最後還是決定留在巴黎繼續奮鬥，但她仍然派了兩位優秀的助理到華沙去。

　　1913年，華沙放射能館落成，瑪麗抱病返回華沙參加盛會。波蘭全國上下對她熱烈歡迎，她在演講時總不忘強調波蘭總有一天會脫離鐵蹄的蹂躪而投向光明。

　　這次歸國最令她興奮的事，是遇見了中學時代的校長。

　　「校長，您好。」瑪麗激動得握緊這位白髮皤皤老婦的手，半晌說不出話來，在場的人都被這一幕感動得鼓起掌來。

　　那年的秋天，瑪麗親自前往英國伯明罕大學接受榮譽博士學位。

　　同年，巴黎大學文理學院校長里奧博士及巴斯特研究所所長盧博士共同出資創設「鐳研究所」。

　　此研究所分成兩部分，其一為放射能實驗所，由瑪麗負責；其二為生物學研究和「居里療法」實驗所，交由克勞魯格主持。

　　1914年7月，由建築家雷諾設計的現代化研究所「居里館」落成。

　　當瑪麗恢復健康，要返回實驗所展開研究工作時，第一次世界大戰爆發了。

訪問美國

當世界再度恢復和平，實驗所的工作又開始時，各個成員埋首於研究中，就像不曾受到戰爭干擾似的。

瑪麗把戰爭中所得的經驗運用在和平之世，也就是使「居里療法」更普及。但是，50多歲的瑪麗，身體狀況比從前還壞，不得不利用暑假多休息。

她最喜歡英法海峽之畔的避暑地，她們學校的教授也經常利用暑假來此度假。

海岸有大小無數的島嶼羅列著，如畫一般美麗，瑪麗選定了一所視野最佳的別墅住了下來。暑期過去，新的學期臨近，瑪麗又恢復健康了。

1921年5月，瑪麗和兩個女兒從馬賽港出發，搭上前往美國的「奧林匹克」號。

原來，紐約數家雜誌的編輯美洛妮夫人，向全美國知識界呼籲，募集「瑪麗·居里鐳基金」，當時已募集了10萬美元的款項，足夠買1克的鐳贈送給居里夫人，而且決定由總統在白宮親自頒贈。

居里夫人為了答謝美國各界的熱忱，所以抱著衰弱的病體，千里迢迢到美國訪問。

瑪麗自身連1克的鐳都沒有，唯一的那1克，則是實驗室的。如果她申請專利，早就富甲天下了，但她始終認為，對人類幸福有益的研究，不能視為賺錢工具。這件事早在前面就已提過，因此，居里夫婦一開始就把鐳的製造法公諸於世，因此，凡是富裕而設備完善的地方就可製鐳了，像美國就已製造了50克。

為了表達對這位女性科學家的崇拜，所以美國方面發起了前述的「瑪麗・居里鐳基金」募捐運動。

當瑪麗打算前往美國訪問時，法國政府想頒給她一個勳章，但是被她拒絕了，她要以私人的身分前往美國。

為了這趟旅行訪問，瑪麗聽了伊蓮的勸告，添置了一件新衣，但她們三人的行李就只有一個皮箱。

船駛入碼頭時，岸上早已擠滿歡迎的人潮，她們站在甲板上看到這一幕，都呆住了。

其實，早在船尚未入港的5個小時以前，港口已經擠得水泄不通。其中有新聞記者、攝影記者、女學生團體、女童軍團體等，人人手裡都拿著紅、白薔薇花。此外，美國、法國、波蘭的國旗也宛如海浪似的飄搖著。

大家都爭先恐後地，想一睹這位偉人的廬山真面目。母女三人好不容易才脫出重圍，到美洛妮夫人家去。

美洛妮夫人的房裡有一盆綻放得豔麗奪人的花，美洛妮說：「居里夫人，這盆花是鐳的力量使它開放的。」

「哦？……」

「是的。這盆薔薇是一位園藝家栽植的；他得了癌症，用居里療法治好了。為了報答你，他從數個月以前就開始精心培育這盆花，以便當你前來訪問時，剛好能看到它盛開。」

「哦，原來如此。」瑪麗不禁又興奮又感動。

大夥兒正鬧哄哄地為她們安排旅程表。事實上，各大學授予榮譽博士學位的典禮、大都市歡迎會等，早就已排得滿滿的了。

5月13日，是行程的開始。

在紐約女子大學主辦的歡迎會上，學校代表輪流地向居里

夫人獻上美麗的鮮花或紀念品等，並贈予「紐約的榮譽市民」之鐳。

　　與會者有各大學的著名教授、法國及波蘭的大使，最令瑪麗感動的是波蘭第一任總統也前來參加盛會。

　　這位總統就是當年在巴黎舉行音樂會的無名音樂家，瑪麗曾與姐姐和姐夫一起去捧過場。

　　當年在音樂廳中的，一個是苦學的留學生，一個是流亡的音樂家。30年後的今天，他們重逢時，一個已是諾貝爾獎得主，另一個竟是波蘭總統。

　　5月20日，哈定總統代表美國把1克的鐳贈給居里夫人。

　　事實上，鐳還存放在工廠的保險箱內，頒贈儀式中的鉛盒內，只是鐳的模型而已。

　　頒贈儀式是在當天下午4點進行。以哈定總統夫人為先導，接著是法國大使、居里夫人、哈定總統、伊蓮、艾芙、美洛妮夫人陸續進場了。

　　場內早已坐滿各大學代表、各國外交官和陸海空軍官員，鉛盒則擺在桌子的正中央。

　　典禮結束後，哈定總統以「獻身於艱苦工作的婦女」來形容居里夫人，並把一串掛有鑰匙的金項鍊套在她的脖子上。這是開保險箱的鑰匙。

　　報紙上大肆報導這件事。第二天，更令人震驚的事情發生了。

　　居里夫人婉拒了總統所頒贈的鐳。她把鐳轉贈給研究所。她說：「我要把我的一切獻給大眾。」

　　聽到這些話語，誰能不佩服得五體投地呢？

　　此後，在行程之中，居里夫人到處受到最瘋狂、最熱烈的

歡迎。某報曾以擔心的口吻報導說：「我們如此瘋狂，是否要將居里夫人置於死地？」

事實上，瑪麗確實有點體力不支了。從早到晚，和歡迎的人頻頻握手，她的手已痛得舉不起來，必須用繃帶架著。由於過度疲憊，她只好謝絕西部的歡迎會。

最後一個歡迎會是在芝加哥的波蘭人街舉行。當地所有的波蘭人都來參加，以便一睹「祖國閃亮的星」的真面目。男女老幼都因為能在異鄉客地看到馳名世界的同胞而感動得熱淚盈眶，大家緊緊地圍著她，高唱波蘭國歌。

6月28日，居里夫人和伊蓮、艾芙再度搭上「奧林匹克」號返回法國。惜別的電報和花束，堆滿了船艙。

她要轉贈給研究所的鐳，則放在船上的保險箱內，跟著她向西航行。

為科學奉獻

60歲時，瑪麗仍把生命奉獻給科學，她對研究的熱衷一點都沒有減退。

每日上午9時15分，總是會有一部汽車停在瑪麗的公寓旁，按3下喇叭後，瑪麗聞聲立刻披上外衣、戴好帽子下樓，坐上車子到實驗所去，直到夜裡七、八點，甚至過了午夜才會回來。

「媽，您年紀大了，不要太累。」

艾芙很替母親擔心，但瑪麗說：「不會的，我一天有40分鐘的休息時間呢！」

當時，長女伊蓮已和在研究所工作的物理學者傑里歐結

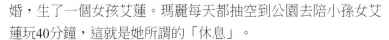

婚，生了一個女孩艾蓮。瑪麗每天都抽空到公園去陪小孫女艾蓮玩40分鐘，這就是她所謂的「休息」。

瑪麗經常收到來自世界各地的紀念品，所以屋裡裝飾得琳琅滿目，有美麗的水彩畫、珍奇的花瓶、富於情調的地毯……旅遊世界歸國的人還寫信告訴瑪麗，在中國某個地方的孔廟內也掛有她的相片。

1923年12月26日，從居里夫人的公寓內傳出陣陣笑語。原來，年老的四兄妹又團聚在一起了，瑪麗不禁高興地大聲歡笑著。

他們談的是當天大學裡召開「發現鐳25週年紀念會」的情景。哥哥撫摸著雪白的鬍子說：「瑪麗，今天法國總統說：『有這麼一位偉大的居里夫人，是法國無上的光榮。』那時我心裡想，要是爸爸在世，他聽到這句話一定會說：『才不是！瑪麗是波蘭人，是我的女兒。』……」大家不禁又笑成一團。

法國這次居然以國家的名義對瑪麗加以表揚，還頒給她「國家獎」及4萬法郎的養老金。

三兄妹聽到這消息，所以連袂趕到巴黎來參加盛典。看見瑪麗和伊蓮、艾芙以貴賓的身分接受法國人士的祝賀，他們真是興奮得無以復加。

這一天，可以說是他們四兄妹最快樂的一天。小時候，住在華沙女子學校的宿舍玩家家酒的孩子，現在都已經是6、70歲的老人了，可是大家仍像孩子般天真地談笑著。

布洛妮亞突然想起一件事情：「瑪麗，你還有一件事沒做。」

「什麼事？」

「記得嗎？那是3年前的事了。華沙鐳研究所開工那天，

你不是回來過嗎？明年春天這個研究所就要落成了，這是波蘭人為了紀念你而建的，到時候你一定要回來。」

瑪麗很興奮地說：「我一定回去，聽說規模比我當初設計的還大。我真想回華沙，希拉也會做她拿手的波蘭餅給我吃。」

希拉哈哈大笑：「波蘭餅？……哈哈！瑪麗好用功，我一定做一些給你吃……哈哈！」

約瑟夫也插嘴說：「是啊，瑪麗最愛吃波蘭餅了。」

「頭髮上繫著紅絲帶，向媽媽吵著要吃波蘭餅，瑪麗，那時你才7歲吧？」

布洛妮亞話題一轉，興致勃勃地說：「明年等你回華沙，我們再到維斯杜拉河去划船，怎麼樣？」

「好啊，我每年夏天都在海濱划船，我相信我的技術還不賴！」

「瑪麗，槳可不是鐳噢，你不要搞錯！」約瑟夫的幽默，引得大家哄堂大笑。

「波蘭鐳研究所」落成時，瑪麗果真回到了華沙。

盛大的歡迎會後，他們4人就到維斯杜拉河去划船，過了最愉快的一天。這是瑪麗最難忘懷的故鄉，但這已是瑪麗最後一次回故鄉了。

1933年12月，65歲的瑪麗病倒了，經X光檢視結果，證實她罹患膽囊結石。

她想到父親當年也因此病開刀而不治，所以不願動手術，只打算靜養一段時間，後來果真慢慢恢復健康了，甚至還能去溜冰、滑雪呢。

她對自己的健康情形更具信心了，於是開始從事有關放射

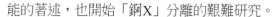

能的著述，也開始「鋼X」分離的艱難研究。

她每天早出晚歸，比以前更努力地工作著，一心一意從事研究。

她無視周圍任何人的勸告，即使在寒冷季節，為了避免溫度變化影響實驗也不生爐火。

或許她自知來日不多吧，所以才加倍努力。她終於完成了「鋼X」的分離工作。

1934年4月復活節時，布洛妮亞出其不意地來巴黎看她。瑪麗高興地帶著她到法國南部旅行。她們參觀了許多的名勝古蹟。

「姐姐，以前我和培爾曾經相約，打算到法國南部觀光，這個願望一直沒有實現。這次我帶你來這裡，可以說把法國的名勝古蹟都看遍了，我的心願已達，死無遺憾了。」

「瑪麗，好好的為什麼說這種話？人生70才開始呀！」

「鐳的研究有了相當的進展，祖國也獨立了，而且孩子已經長大，我覺得力量慢慢從我身體裡消失了。」

「愉快地玩吧，不要說這種話。全世界的人都還在關注你的研究呢，不要這麼軟弱。平常都是你在鼓勵我，怎麼這次反倒讓我安慰起你來了呢？」

「其實我還不想死，我還想研究鐳是否另有新貢獻……可是，我的健康情形不行了。」

「那是因為你太累了，多保重就會好轉的。」

旅行就在這次不吉利的交談中結束了。回別墅以後，瑪麗突然像感冒般打寒顫，布洛妮亞趕緊生爐火。突然，瑪麗抖了一下，倒在布洛妮亞的手上。布洛妮亞嚇壞了，趕緊抱著她，這時，瑪麗像孩子般地哭了起來。

「瑪麗，不要哭，只是小感冒，不要緊的。」

瑪麗止住哭泣，以無力的聲音說著：「姐姐，今晚這裡是不是只有咱們倆？……」

「是啊，你振作一點。」

「姐姐，我不是感冒。我最近時常這樣，可能受到了鐳放射能的侵害，這件事我一直都沒對別人說過。」

「瑪麗，你胡說些什麼？最近你老是說這些……你是感冒了，休息4、5天就會好的，那時我們再回巴黎！」

如果真是受到鐳的侵害，那就是醫學界的嚴重問題了，布洛妮亞和瑪麗都不想談這個問題。

過了幾天，由於氣候暖和，瑪麗精神好多了，於是又回到巴黎。

布洛妮亞為瑪麗請了一位權威的醫生，診斷為感冒。忐忑不安的她回波蘭時，看見到車站送行的瑪麗氣色很好，但一想到別墅的那一幕，她就無法安心。

「瑪麗，你多保重。」

「嗯，姐姐，你也要保重。」

姐妹在月臺上吻別，兩人的眼裡都溢滿了淚水。誰知道，這就是最後的一面啊！

6月底，瑪麗又病倒了。經X光照射，發現她年輕時肺結核的部位有發炎現象，大家都勸她到療養院去。

小女兒艾芙揉搓著她瘦削的肩膀說：「媽，我陪你去吧！你看起來很疲倦，暫時到療養院靜養也好，8月裡，伊蓮會回來看你，我也會請阿姨來陪你。」

瑪麗異於往昔，立刻答應了。

「好吧，實驗所的鐳要密封好，等我回來以便繼續研

究。」

到療養院之前，艾芙先請了法國4位權威醫生會診，認為是肺結核復發。既然如此，艾芙也無法可想，只好收拾行李，準備和母親到療養院去。

火車抵達聖傑爾巴車站時，瑪麗已倒在艾芙和護士手中而昏迷不醒了。

居里夫人病勢垂危！這個消息震撼了全世界。

療養院從瑞士的日內瓦請來了一位有名的醫生洛克博士，經周詳的血液檢查，發現瑪麗的紅血球和白血球降低很多，病名是「惡性貧血症」。

時常高燒至40度的瑪麗，有時也會清醒過來，自己看體溫計。她也許自知不行了，但是艾芙不敢通知親戚，怕他們一來，更使病人絕望。

7月3日上午，熱度下降，瑪麗也舒服多了，或許這就是迴光返照吧。

瑪麗徐徐地說：「使我精神好的不是藥，而是高山的清新空氣。我多想趕快回巴黎，去看看放射能的原稿。」

她始終記掛著出書的事。但是，7月4日，當陽光把療養院周圍的山染成薔薇色的時候，瑪麗·居里，這具偉大的靈魂蒙神寵召，與世長辭了！連她的兄姐都沒趕上見她最後的一面。她死於惡性貧血症，這是長期受到鐳的照射，導致紅、白血球被破壞的緣故。

1934年7月6日，那個天氣晴朗的下午，瑪麗的棺木被埋葬在巴黎郊外居里祖墳中，培爾就在她的旁邊。

約瑟夫和布洛妮亞各把一坏土撒入墓穴，輕聲說道：「瑪麗，這是你生前最喜愛的祖國的泥土……」

諾貝爾與炸藥

發明狂父親

阿佛列・諾貝爾，乍聽之下很像是英國人的名字，因此有些人懷疑他的祖先是遷居瑞典的英國移民，事實上他是真正土生土長的瑞典人。他歷代的祖先都以諾貝爾利物斯為姓，不知為何，從他祖父時代起簡化為諾貝爾。

這個故事的主角，也就是發明炸藥且創設諾貝爾獎的阿佛列・諾貝爾。

阿佛列的父親伊馬尼爾・諾貝爾具有發明的狂熱，一生中有過不少的發明。秉承了父親創造發明的興趣，再加上先天和後天的優良條件，阿佛列・諾貝爾成為歷史上偉大的發明家，自是意料中的事。

伊馬尼爾生長在貧窮的家庭，沒有上學的機會，年輕時就在一艘貨船上當打雜的小工。

但具有優異才能的伊馬尼爾，不斷地努力自修，一心一意想成為一個成功的建築師，在18歲那年，順利地考取了瑞典首都斯德哥爾摩的一所工業學校。

　　由於成績卓越，他靠著獎學金完成學業，並如願成為一位建築師。

　　伊馬尼爾有一個與眾不同的個性，他特別喜愛發明創造，經常為研究新的機械而忙碌，曾經在機器的改良上獲得幾項專利，但卻未能普及，甚至使他的建築本行受到極大的影響，而始終過著窮困的日子。

　　生活雖極困苦，但安莉艾特‧亞爾茜爾小姐仍願嫁給伊馬尼爾，與他同甘共苦並為諾貝爾家生了3個兒子羅勃特、路德伊希和阿佛列。

　　伊馬尼爾是一位建築師，即使再怎麼窮，也為自己建了一棟小屋，並為他狂熱的喜好設計了一間研究室。

　　他熱衷於研究發明，精神上深感滿足，但不能否認的是，他所創造發明的東西未能受到大眾的歡迎，以致生活依舊貧苦不堪。

　　伊馬尼爾的發明多半趨於理想而忽略了實用的價值，例如有一天，他拿著一個偌大的橡皮袋，出現在太太與3個兒子的面前，他說：「大家看這是什麼？」

　　「我知道，一定是帳篷！」「才不呢，是登山袋！」

　　孩子們爭先恐後地猜測著。

　　「哈哈，你們都很聰明，它是帳篷也是登山袋。看！穿起來又像是防雨的披風。」

　　「哇，太好了，爸爸！」孩子們高興地嚷著。

　　「嗯，不只這樣，還可以浮在水面上靠它來渡河呢！」

　　「好棒哦，真是探險的好工具。」

　　「不、不、不，這是為軍隊設計的，是行軍時最方便的用品。」

像這樣方便又有用的袋子，卻從沒有一個國家的軍隊對它感興趣。所以諾貝爾一家人始終不曾富裕過。

1833年，也就是阿佛列出生的那一年，由於遭遇一場火災，使全家人生活陷於困境。

伊馬尼爾雖拼命地辛勤工作，但老天似乎有意為難，沒有一件事能做得順利。在無以為生的情形下，他只好於1837年離開妻兒，隻身前往芬蘭。但在芬蘭他仍不能謀得好的職業，於是輾轉來到俄國。

他終於在彼得堡找到一份工作，在此他的發明才華得以萌芽、滋長，而且有了日後的成就。

他的成功不僅改善了家庭經濟狀況，更為他的幼子阿佛列帶來極大的啟示，並促成後來的成就與贏得「火藥王」的頭銜。

阿佛列·諾貝爾出生於1833年10月22日。

當時他們一家人的生活極為困苦，由於營養不良，瘦小柔弱的阿佛列經常感冒、發燒，使父母操心，但他穎慧的天資遠勝於兩位哥哥，深得父母的喜愛。

7歲的那一年，父親隻身遠行俄國，他便在母親的愛護下成長。

8歲時，他就讀於鎮上一所小學，由於身體的虛弱使他不得不經常請假，但智慧過人的他，學業非但不落人後，反而比其他同學更為優秀。

「這孩子經常生病，恐怕跟不上學校的進度。」母親憂慮地對老師說。

「這你儘管放心，他聰敏好學，功課一向很好，尤其是作文。雖然他父親是學建築的，但他以後恐怕會和父親走相反的

路線，成為一位優秀的文學家。」老師祥和地安慰著諾貝爾的母親。

在一個父親長年在外，而由母親全力支撐的家庭裡，阿佛列日漸成長。

由於身體瘦弱，經常生病，阿佛列沒有太多的玩伴，他經常獨自玩耍，不像一般小孩子那樣活潑。

他喜歡安靜地看童話故事或到草原上散步，去摸摸青草、蟲兒，撿拾小石頭賞玩一番。

阿佛列的外婆很疼愛他，經常為他講一些瑞典和丹麥的童話故事，這時他總是乖巧地靜靜聆聽，腦海裡卻充滿了無盡的遐想。

或許是這個原因，激發了阿佛列的幻想，使他也想到父親所在的遙遠俄國去。

在他幼小心靈中所燃起的無數幻想，可能就是日後發明創造的胚芽吧！

在校園裡，他經常遠離同學，獨自坐在樹蔭下看天空中變化不定的雲彩，或地面上昆蟲的各種動態。因此老師很有把握地斷定他將來必會成為詩人或文學家。

老師的看法確是有幾分正確性，他對文學的興趣極濃厚，也曾創作過詩和小說。

但這種單獨玩耍的個性以及對大自然觀察入微的情形，其實是他將來長大後細心研究和發明能力的雛型。

父親到俄國，一轉眼已有3年的時間。此時，阿佛列也已9歲。就在這一年秋天，家人收到父親從俄國寄來的信。

這是一個多麼令人興奮的消息，也是家人長久以來最大的期盼與願望，他們終於能和父親團圓了！

父親在信中針對往昔家中艱難的生活向家人表示極大的歉意，並說明最值得慶幸的是全家人就要在俄國共同創造美麗的生活。

伊馬尼爾在彼得堡已擁有了製造軍用機械的工廠，身為瑞典籍的發明家，深受俄國的重視。

「太好了！」「我們就要和爸爸見面了！」「彼得堡是一個很大的城市吧！」

大家興高采烈地揣測、憧憬著未來。

這時，老大羅勃特13歲，老二路德伊希11歲，阿佛列也已9歲了。一家人為了準備搬家而忙碌起來。

1843年10月22日，也就是阿佛列10歲生日那天，一家大小抱著無限的歡樂和希望離開瑞典，乘坐輪船渡過波羅的海向俄國的彼得堡出發。

玩煙火的孩子

彼得堡市街中心有高聳的寺塔及圓形的屋頂，屋頂上直立的尖柱和建築物間石砌的大道，都與瑞典迥然不同。

他們乘坐的馬車輕快地奔跑著，並時時發出喀啦喀啦的聲音為他們喝采。

骨肉重逢，諾貝爾一家人再也隱藏不住內心的興奮和喜悅，他們臉上無時不展露著笑意。孩子們更是左顧右盼，對異國大城市中的每一件事物都感到新奇。

伊馬尼爾看到已長大的孩子們，尤其看見阿佛列活潑、健康、快樂的模樣，心中更有無比的欣慰。

「嘿，你們都長高了，阿佛列，聽說你的成績一向很不

錯！」

「爸爸才棒呢，而且也比以前強健了！」

「哈哈，工作順利，自然就心寬體胖了。待會兒回到家後帶你們去參觀工廠，好不好？」

「哇，好啊！爸爸的工廠是做什麼的？」

「製造火藥。」

「太棒了！」

孩子們張大眼睛高興地比手劃腳。

「爸，火藥是裝大炮用的嗎？」

「不錯，是裝在大炮、槍和水雷裡面的。」

「什麼是水雷？」

「是一種埋藏在水面下的不動魚雷，當不知情的船艦通過時，會因觸碰而發生爆炸，把船艦摧毀。」

在搖晃不定的馬車中，阿佛列仔細聽著父親和哥哥們的對話，眼睛還不停地瀏覽兩旁奇特的景致。

不久，他們就到家了。

「今後你們三兄弟要彼此勉勵，努力求學，才能成就比父親更偉大的事業。你將來打算做什麼？羅勃特！」

「我一定要成為偉大的技師！」

「老二，你呢？」

「我們家向來很窮，所以我要做一個大企業家，賺很多很多的錢。」

「爸，我將來要做發明家！」阿佛列不甘人後地搶著開口說。

「好了，好了，將來想做什麼都可以，目前最重要的是好好用功讀書。」母親嚴肅地對他們說。

「在彼得堡可有好的學校？」

「當然有，但你們還不懂俄語，所以我們要先請一位老師教你們學俄語。」

就在第二天，父親為他們請了一位教俄語的老師。三個兄弟都非常聰明，尤其是阿佛列，年紀雖小，成績卻不亞於兩位哥哥。

「阿佛列，你很有語言天才，很快就把俄語學得很好了。」

「學外國語言很有趣呀！」

「很好，俄語學會後我再教你英語、德語。」

「一定喔！老師您一定要教我喔！」

阿佛列就這樣，除了俄語，他又學會了多種外國語言。

哥哥們因年紀較長，所以課業做完後，還得到爸爸的工廠裡，實地學習操縱各種機械或幫忙處理辦公室的事務。

「我真以你們為榮，你們的確不愧是我的兒子。只要大家努力不懈、合作無間，相信不久我們就可擁有規模更大的工廠了。」

伊馬尼爾對孩子們的學習情形，感到滿意而驕傲。

「阿佛列，你對語言很感興趣嗎？那麼你可以讀各國有關科學的著作，將來要做一個偉大發明家就更不成問題了。」

阿佛列喜歡博覽各種書籍，雖然還沒有正式入學，在家裡卻能夠得到豐富的知識，尤其是有關科學研究的基本原理。也因此，他具備了一般小孩所沒有的知識。

阿佛列不僅閱讀有關機械、物理、化學方面的書，他更喜愛文學，偶爾也能作詩自娛。

有時和哥哥們到爸爸的工廠去，阿佛列總是被那些轉動中

的機器深深地吸引住，但他卻又發現了更有趣更好玩的東西，那就是要裝入水雷的火藥。

當時的火藥，無論是用於槍或水雷，全都是黑色的。

阿佛列會偷偷地帶點火藥回家，為了避免讓爸爸發現而挨罵，他經常把火藥粉放入紙袋中悄悄帶走。

阿佛列用帶回家的火藥做煙火，他把火藥放進紙筒裡，然後豎立在草原上，點著火後，火藥會「咻──」的一聲，在黑暗的夜晚中噴出美麗的火花。

他又模仿父親的發明，嘗試做地雷來玩。他先把火藥粉用紙包成圓團，再用較韌不易破的紙搓成長條，作為導火線。將導火線點燃後，他以很快的速度跑向遠方，等紙團著火，火藥就發出煙火噴了起來。

「真沒意思，這哪裡像炸彈，一點都不好玩。嗯！我用空鐵罐試試看，也許會更像爸爸的水雷。」他自言自語地說著，並把火藥裝入小空罐中，封緊蓋子，再點燃導火線。

「砰！」爆裂的罐子發出很大的聲音，蓋子飛了起來，大家都被這聲巨響嚇了一跳跑出來觀望。

阿佛列的調皮，馬上被父親知道，於是嚴厲地禁止他再玩火藥。

當阿佛列再到工廠時，員工們早已聞知此事，因此沒有人肯讓他接近火藥。

「不行，不行！」「不能玩這種危險的東西！」

說著，就把他趕出去了。

「哼！不給？那我就自己來製造火藥。」

阿佛列拿起化學讀本，翻尋火藥的製造過程。

「原來是把硝石、木炭和硫磺混合，難怪火藥都是黑漆漆

的。」

「木炭容易找到，硫磺也可從引火木條（一頭沾有硫磺用來引火用的薄木片）上刮下來，但最重要的硝石要去哪裡拿呢？」

想了想，阿佛列高興地來到工廠，在藥品室中找到裝硝酸鉀的瓶子，他偷偷地把裡面的白色粉末倒入小袋子中，拿回家後立刻關起房門開始做實驗。

硝石就是硝酸鉀的粉末，把它和炭粉混合再加上硫磺就成了黑色火藥。阿佛列小心地把微量混合粉末放在盤子中點火。

「咻！」的一聲，火藥發出了白煙。

「真是不中用的東西，一點威力也沒有！」

他又改變混合量，威力也隨著增強，他興奮地說：「哈！成功了！」

阿佛列因此又開始玩煙火了，這是一種非常危險的遊戲。

最後雖難免被父親察覺而遭禁止，但從玩耍中他發現了火藥包紮的鬆緊程度與爆炸強力成正比的基本原理。

自從諾貝爾全家遷到彼得堡後，伊馬尼爾的事業蒸蒸日上，諾貝爾工廠終於成為眾所矚目的龐大工廠。

孩子們雖沒有上學，但靠著自學以及家庭教師的指導也都能得到豐富的知識和應有的教養，這是諾貝爾三兄弟稟賦極高、求知慾又很強的緣故。

後來羅勃特和路德伊希結束了家庭的補習教育，到工廠去實習。

到了父親的工廠，羅勃特擔任公司有關業務方面的工作，路德伊希則負責工廠技術方面的事情。伊馬尼爾的工廠，已成為諾貝爾家族的事業了。

　　正如父親的預料，孩子們的表現都很傑出。

　　此時阿佛列已是一個17歲的青年，這是可以面臨工作的年齡了。

　　「我想讓阿佛列到工廠去工作。」父親跟母親商量說。

　　「是呀，17歲了，不能老把他當小孩子看。」

　　「你想叫他做什麼事呢？」

　　「他雖然對文學方面興趣很濃厚，但我想還是叫他做技術方面的工作比較好。」

　　「嗯，當技師是不錯，但他最好是能成為研究發明方面的技師。」

　　父親接著又說：「羅勃特可以幫助我經營工廠，路德伊希則負責工廠生產製造方面的事務。所以我希望阿佛列能擔任發明創造的工作，使工廠不斷地有新產品上市。」

　　「這可不是很簡單的工作呀！」

　　「所以我打算讓阿佛列到美國去留學，做更深一層的學習研究。」

　　「啊，到美國？」母親很驚訝地問。

　　「是的，美國有一位從瑞典移民過去的發明家艾利克遜。」

　　「哦，不就是發明螺旋槳式汽船的那個人嗎？」

　　「對，是他！我想讓阿佛列去跟他學習發明研究。」

　　「好是很好，但要阿佛列自己一人遠赴美國，我不放心。」

　　「不要緊，他已不是小孩子，疼愛自己的子女就應讓他經常外出，才不致孤陋寡聞。前一陣子艾利克遜來信告訴我說他正在從事熱空氣引擎的研究工作，就讓阿佛列去跟他一起研究

吧！」

「什麼是熱空氣引擎？」

「就是以高溫空氣來代替蒸汽機發動的引擎，將來必定是用途很廣的發動機。」

阿佛列在父母的安排下，離開了溫暖的家，前往美國留學去了。

留學美國

阿佛列所搭乘的汽船，在大西洋上不停地往西前進。這是一艘兩邊裝有水車的輪船。阿佛列即將投入以發明螺旋槳、使船隻航行平穩快捷而聞名的美國發明家艾利克遜（1803～1889年）的門下。但當時這種新船仍未被普遍採用，所以諾貝爾乘坐的仍是舊式的船隻，它正慢慢地在波浪搖盪中航行。

阿佛列倚靠著甲板上的欄杆，望著起伏不定的海浪冥思著：「正一步步接近的美國，究竟是什麼模樣？是一個朝氣蓬勃的新天地？是什麼樣的情況在等待著我？它是很大的城市抑是一片廣大的牧場？還是盛產石油和鋼鐵的大工業國？」

阿佛列在長途疲憊的航行中，仍不忘時時復習英文、加強語言能力，以便適應那即將到達的陌生國土。

對語言頗具天分的阿佛列，在俄國的時候，他的英文讀寫能力已相當不錯，為了精益求精，他仍不忘隨身攜帶各類的英文讀本，其中除了有關科學的書籍外，更不乏文學與詩歌方面的讀物。

阿佛列在漫長的旅途中，最喜歡坐在甲板上，面向大海欣賞文學作品，他對雪萊的詩以及其對事物的看法產生很大的興

趣。

雪萊（英國人，1792～1822）將各種理想在自己的詩中表露無遺，他主張博愛、和平，對事物具有合理正確的思想。

年輕而善感的阿佛列，深深地被雪萊的作品所吸引，雪萊的思想已完全被他吸收、融合而成為阿佛列的思想。

阿佛列以合理的科學觀點，促進發明事業的擴展；以和平的手段、博愛的精神處世待人，這都是受雪萊思想的影響。後來他捐出遺產設立諾貝爾獎，可說是雪萊思想的昇華。

抵達美國後，阿佛列立刻就帶著父親的介紹信去拜訪艾利克遜。

艾利克遜對他深表歡迎。阿佛列在此學習了許多有關各種機械的技術，並幫助艾利克遜從事以火和高溫產生的膨脹空氣來代替蒸汽發動引擎的熱空氣研究工作。熱空氣引擎也就是今天的燃汽輪機，在當時並未被普遍使用。

阿佛列從這項研究中，得知物體燃燒發熱使氣體膨脹產生力量的原理，並學習到許多新的知識。

可是單獨來到遙遠國度的阿佛列，心中交織著複雜的情感，使他對文學的興趣勝於對機械的研究。

每當阿佛列感到孤單寂寞時，雪萊的詩便成了他的寄託，寫詩也成了他的主要消遣。

一年過去了！阿佛列道別艾利克遜，離開美國踏上歸途，當他路過巴黎時，為了尋求更多的知識，暫時停留在那裡。他的主要目的是在此學習化學和物理，另一個用意卻是欣賞巴黎美麗的風景以培養他作詩的靈感。

阿佛列在彼得堡時已有相當的法語基礎，對語言有特殊興趣的他，為使法語說得更為流利標準，於是進入一家會話補習

班，在此他結識了一位美麗的少女，由於彼此相愛，他們曾海誓山盟私訂終身。

阿佛列此刻的法語程度已不亞於法國人了，遺憾的是他所珍愛的少女不久竟因病去世。

這個打擊，使阿佛列無心留戀巴黎。他不願稍做逗留，決心離開這個心碎而難忘的地方，專心致力於將來的理想與事業，因此他回到了第二故鄉——父母所在的彼得堡。

此刻正是1852年，阿佛列剛滿19歲。

火藥的研究

父母親看到阿佛列的身體已完全康復，心中非常高興。

「阿佛列，你已痊癒，不要緊了。」

「爸，我已能獨立作業，支撐全局了，今後我會全力負責發明方面的研究。」

「嗯，很好，你想做哪一種研究呢？」

「我想研究一種強力火藥。」

「可是阿佛列，戰爭可能很快就會爆發，一大堆的水雷訂單，使工廠應接不暇，正需要你幫忙呢！」

「哦，水雷能在戰爭中派上用場嗎？」

「當然，俄國有強大的陸軍，但海軍卻經不起英、法輕輕一擊，所以要在各大軍港和敵軍可能登陸的海岸布置水雷，加強海軍防衛力量，以阻止敵艦或運輸船侵入。」父親很得意地侃侃而談。

阿佛列卻不以為然地說：「爸爸，黑色火藥只可能對於那些木製船管用，但對於鋼鐵製造的堅固船艦，恐怕無濟於事

吧！」

「那怎麼會？我已試驗過了。」父親心裡有點不高興。

「哦，真能如此，那就很好，可是我仍想發明威力更強大的火藥。」

克里米亞戰爭終於在1854年3月間爆發了，俄國與土耳其、英國、法國的聯軍正式開戰。

諾貝爾工廠因克里米亞戰爭而異常忙碌，水雷的需要量急劇上升。

「我們將要大忙一陣了。」工廠製造量已無法供應購買者的需要，大批的訂單使父親格外振奮。

俄國的海軍非常脆弱，顯然已無法戰勝英法聯軍了。

俄軍在芬蘭灣，靠近彼得堡西面的要塞克隆斯塔和克里米亞半島西南部的重要海港塞佛斯托波耳加強軍事防衛，以應付英法聯軍的襲擊。

諾貝爾工廠生產的水雷，是否能發揮強大的防禦能力，仍是一個未知數，但在克隆斯塔軍港的入口處，已密布了重重的水雷。

英法聯軍的艦隊，正如俄軍所料，企圖占領克隆斯塔軍港，再直入彼得堡。如今，他們的艦隊已到達芬蘭灣了。不巧的是，有一艘俄國汽船竟誤觸水雷而沈沒，看到這種情形的英法聯軍，立刻察覺在克隆斯塔港的周圍海面上浮著許多固定的水雷，因此他們放棄了攻打克隆斯塔港的計畫。這足以證明，伊馬尼爾的水雷確實相當地成功。

英法聯軍放棄了對北方芬蘭灣的攻擊後，把全力集中到克里米亞半島上，這樣一來，反使俄國吃了敗仗。

當諾貝爾工廠生產水雷的功效被證實後，有兩位化學專家

到工廠來訪問，他們就是在俄國學術界曾留下許多業績的希甯博士和特拉浦博士。

「我有一件非常機密的問題想與諾貝爾先生商量。」

「哦，但願我能效勞。」

「是有關強力火藥的應用問題。」

「我的兒子阿佛列，對這方面較有研究，你們可以和他談談。」

「既是您的公子，我就安心了，因為這是高度機密。」

阿佛列被喚到兩位專家的面前。

「這次戰役，對俄國而言實在相當艱苦，為了使俄國早日獲勝而結束戰爭，我想製造威力強大的炸藥，可否與貴工廠共同研究？」

「當然可以，不過，來得太突然，事先未有周密的安排，凡事毫無頭緒呀！」

「這點你不用急，我這裡有強烈的液體爆炸物，但它的威力無法確定，是否有實用價值，殊無把握。」希甯博士說著，拿出一個瓶子來。

「就是瓶子裡的液體……」

「啊，硝化甘油！」不等希甯博士說完，阿佛列便脫口而出，「我從書本上知道這是1847年義大利科學家沙布利洛所發明的，今天我才頭一次看見這種液體。」

「我就是想利用它來做研究。」希甯博士對阿佛列說。

「我也曾想過這種液體可能會增強水雷的威力。」

「是的，但這項工作非常困難，沙布利洛雖利用甘油、硝酸和硫酸製造出這種比黑色火藥威力大好幾倍的爆炸物，但它有時卻會失去效用，僅僅燃燒卻不爆炸。」

　　希甯博士說著將瓶中的液體滴一滴在鐵板上，燃燒後只是產生火焰而沒有爆炸。

　　他又滴了一滴，這次是用鐵錘來敲打，於是硝化甘油發出了迸裂的爆炸聲。

　　「它爆炸力的強烈可由沙布利洛因試管中的硝化甘油突然爆發而受傷的這件事予以證明，它的威力總是叫人捉摸不定，很難預料。」

　　「是否因為它是液體的關係呢？」阿佛列問。

　　「或許吧！沙布利洛自從實驗室被突爆的硝化甘油炸毀後，已停止對硝化甘油的研究工作了。」

　　「這的確有點令人困惑！」伊馬尼爾在一旁側著腦袋默默思考。

　　「希甯先生，這件事就交給我們辦好了。」阿佛列顯得極有自信，一副充滿希望而熱切的樣子。

　　「好吧，就請你試試看，我相信你能做得很好。」

　　「好的，我一定盡力而為。」

　　「那我就把這瓶硝化甘油留在此地，但你要特別留心，注意安全啊！」

　　「我會的，謝謝你。」

　　阿佛列當時根本不知道這件事在後來會引起全世界的注意，帶給他輝煌無比的人生。

　　阿佛列和父親終於開始細心地研究這種不太實用的液體炸藥的製造和使用方法。

　　硝化甘油是一種性能不容易控制的化合物，更由於它呈液體狀態，只要稍微處理不當，就會發生可怕的爆炸。

　　它的危險性在於你根本無法預料它會以何種形態出現。有

時點上火，它只是燃燒而已；有時卻一部分爆炸。而且在製造過程中，意外爆炸更是屢見不鮮。

發明人沙布利洛放棄使用這種火藥，並停止研究的原因也就在此。但硝化甘油卻是心臟病患者的有效醫療用品，所以在醫學界，它仍然繼續被使用。

阿佛列雖然立刻著手從事研究，但事情卻比想像中的還要困難。

由於諾貝爾工廠必須致力於生產各種機器，幾乎沒有餘暇作這項額外的研究。

「真傷腦筋！根本沒有多餘的時間來研究硝化甘油。」

「是呀，爸爸，我想這項研究工作就等戰爭結束後再說吧。」

「也對！那時就不會有太多訂購水雷的人了。」

就這樣，硝化甘油的研究工作被暫時擱置一旁。

在這段期間，克里米亞戰爭越來越激烈。

聯軍以數十萬大軍海陸並進，把克里米亞的塞佛斯托波耳要塞層層包圍，俄軍則頑強抵抗，使聯軍無法越雷池一步。

由於俄國天氣酷寒，加上熱病流行，因水土不服而未戰先敗的聯軍士兵不計其數，單單英軍受傷與生病的就有15000人之多。

英國的南丁格爾越海直赴戰場，她不分敵我，殷勤照料傷兵，而獲「克里米亞天使」之譽就是這時候的事。第2年，俄軍的敗跡已顯。正當此時，俄國沙皇尼古拉一世又不幸病逝。

一般人認為無法攻陷的塞佛斯托波耳軍港，終於在1855年陷落了，新即位的亞力山大二世向聯軍投降。

戰敗的俄國，在政體改變之後便不再向諾貝爾工廠訂購機

械。在戰爭中一再擴大的工廠設備已失去了利用價值。

諾貝爾一家人十分煩惱，於是召開家庭會議。

「這下完了，不再有訂單，工廠無法再繼續經營下去，看樣子，我們得暫時停工。」大哥羅勃特說。

一度繁榮忙碌的諾貝爾工廠終於在無可奈何下被迫停工。

移民到俄國20幾年來，對俄國機械工業貢獻頗大的伊馬尼爾，不得不再回到瑞典去。

「這是不得已的事，工廠結束營業後，我留在這裡已無多大益處，我還是回到故鄉去，你們有何打算？」伊馬尼爾徵求兒子們的意見。

「我們想留在俄國，找份新的工作，其他的事慢慢再說吧。」諾貝爾三兄弟一致表示願意留下來。

「我還是留在這裡繼續研究硝化甘油。」阿佛列這樣說。

計議既定，父親伊馬尼爾就帶著妻子和小兒子回到祖國。他們在以前居住的斯德哥爾摩的海德堡租了一棟房子。

諾貝爾一家的境遇又一次改變。這時正是1859年，阿佛列26歲的時候。

發明雷管

父親回到瑞典之後，諾貝爾三兄弟仍留居彼得堡。

他們三兄弟仍在原先的工廠裡工作，所不同的是他們由老闆成為受僱的員工。工廠的新老闆由於不懂得工廠的企劃經營，所以任命老二路德伊希為工廠營業負責人。

羅勃特負責各種機械的設計工作，阿佛列則一面做機械操作工作，一面不斷地盤算著硝化甘油的實驗。

　　從這時候起，阿佛列的發明能力開始充分發揮，他那異於常人的特殊才能，使他改良了晴雨計、水量計等，並取得了專利。

　　不料，剛進入10月不久，阿佛列的身體隨著節氣的轉變而越來越虛弱。他雖然茶飯不思，但每天仍照常上班，一直處於勞累疲憊的狀況下。

　　他總是勉強自己去工作，不願休息。每當吃飯時，總不見他人影，若到房間去找，往往看到他手握著試管，疲倦地趴在桌上。

　　「阿佛列，你自己要多保重呀！」看到弟弟這般模樣，哥哥羅勃特不忍地說。

　　但一切都晚了！阿佛列就此一直臥病在床，無法工作。

　　有一天，羅勃特比平常晚歸，當他穿過院子的樹叢時，發現院中那棟獨立的屋子裡沒有燈光。

　　「奇怪！」一個不祥的預感出現在他腦海中。

　　他把門打開，裡面是一片黑暗。

　　「阿佛列！」羅勃特摸黑叫著，但無人回答。

　　就在即將燃盡的壁爐前，隱約可見有一個人躺在地上，那正是阿佛列。

　　「振作點！」羅勃特跑過去，用手觸摸弟弟的額頭，這才發現阿佛列正在發高燒。接連幾天，阿佛列的熱度始終未退。

　　診斷後證實，阿佛列由於疲勞過度引起急性肋膜炎，外加舊疾復發而併發了心臟病。

　　他雖然恢復了意識，但病情卻日益惡化。

　　羅勃特全心全意地照顧著阿佛列。最令羅勃特懊惱的是，如今竟無法和以前一樣馬上送他入院治療，或立刻請醫護人員

幫忙照顧。

在這個不太方便的小屋中，阿佛列不得不忍受一切痛苦。

「春天快點到來就好了！」阿佛列躺在床上，望著窗外空想著。

但北國的冬天似乎特別漫長難挨，外界的一切景物，諸如屋頂、樹木都被白雪覆蓋，大地呈現一片淒涼的慘白。

偶爾聽到外面小孩們快樂的歌聲，想必是耶誕節即將來臨吧！但在阿佛列的房中，卻一點也嗅不到聖誕或新年的氣息。

北國的冬天與阿佛列盼望春天的心情恰恰相反，冬的腳步越來越深，越來越濃，外面結凍的大地上，偶爾傳來一陣雪橇滑動的聲音。

時間似乎拖拉不前地漫步著，但那遲緩的腳步，終於走完了1月，邁向2月。

「哥哥，我好多了。」

「嗯，熱度已退，臉色也好看多了。」

「我已不要緊了，哥哥，你去上班吧。」

「嗯，好！」

事實上，羅勃特也不能一直陪伴、照顧這生病的弟弟，所以他又恢復了從前的生活，每天到工廠去工作。

側身靠在枕頭上，阿佛列聽見哥哥的腳步聲漸漸遠去。他每天都以這種方式送走要到工廠去的大哥。

每當睡了一覺，他就感覺到胸部的疼痛緩和了許多，阿佛列的病已進入復原期。

「春天快到了，這真是一個又長又冷、陰寒的冬季。」羅勃特一面打開窗戶，一面說著。

融化的水滴從屋簷上一滴滴地掉落下來，春的使者似乎正

忙著傳達資訊，被堅硬冰雪封鎖的大地，也漸漸在復甦。

「啊，真舒服。」阿佛列在床上伸伸懶腰。

半年多躺臥不起的日子，因春天的來臨而告一段落。

有一天，好像在期待、預料著阿佛列的痊癒，父親伊馬尼爾寄來了一封信：「我最近開始為希甯博士所說的硝化甘油做研究，阿佛列你的進展如何？這事情比想像的還要難，但我一定會設法找出硝化甘油正確的使用方法。」

阿佛列心中想：「是呀，我得再做做看，絕不可輸給爸爸。」

他決定即刻動手開始研究。阿佛列再度尋找、蒐集有關硝化甘油的性質和製造的一切資料。

發明硝化甘油的沙布利洛，出生於1812年，他是在義大利的色林大學藥品室中從事這項研究的。

當他28歲時，正在法國留學，由於貝魯斯教授的指導，他進行了以硝酸來混合其他物品，而觀察其所能產生的作用的研究工作。

大部分物質受到硝酸作用時，都具有爆炸的特性，當沙布利洛把甘油、硝酸、硫酸互相混合時，他發現這是一種能產生強烈爆炸力的液體，因此他將此液體命名為硝化甘油。

阿佛列將沙布利洛所發表的研究報告，加以細心研讀，以作為實驗的根據。

「把沒有混合水的甘油以濃硫酸2、濃硝酸1的比例混合，再將此液體一滴一滴慢慢地滴下……」

阿佛列在燒杯裡放入硝酸、硫酸和甘油的混合體。

「溫度上升就會發生危險，要先冷卻到0℃後再加以混合。」

然後把混合好的液體倒入水中，這時燒杯底部會有像油一般厚重的液體沈澱，這就是硝化甘油。

　　阿佛列已能自製硝化甘油了。這是極易爆炸的東西，必須特別小心。

　　阿佛列又很細心地讀著沙布利洛的報告資料——

　　「把一滴硝化甘油滴在白金板上加熱，會發生火焰而燃燒，甚至有時會引起爆炸。有一次雖僅是一滴的爆炸，但卻使玻璃碎片打傷我的手和臉，造成重傷。」

　　阿佛列看完這段資料，心中為之一震。

　　「置一滴硝化甘油於弧形玻璃盤上，再插入燒紅的白金線也會產生爆炸。」

　　阿佛列好像已經能瞭解硝化甘油爆炸的原因了。

　　「硝化甘油用鐵鎚敲打時也會爆炸，這和以前希甯博士所做的一樣。」

　　阿佛列心想：「硝化甘油既然有強烈的爆炸力，那麼不僅可以用在水雷上，也可用於挖隧道、開馬路。對了，在岩石上鑽孔，再把硝化甘油灌入洞中引爆，必能使岩石破碎。」

　　問題是如何引爆？當然不能直接點火，那太危險！用錘子來捶？那更不用說了。

　　「嗯，這沒問題，只要做一根含有黑色火藥的線蕊作為導火線，使它由遠處慢慢燃燒，人再躲到安全的地方就可以了。」

　　阿佛列開始動手實驗，他將做好很長的磷色火藥線的一端插入裝有硝化甘油的小容器中，再從遠處的另一端點火。

　　奇怪的是，硝化甘油並沒有爆炸，雖然著了火，但是只有著火的部分使其餘的硝化甘油噴出來，產生零落的火星就熄滅

了。

　　他再用繩子吊起重鐵塊，使它擊落在放有硝化甘油的盤子上，仍然不爆炸。

　　一連串的疑問使阿佛列再度拿起過去的實驗紀錄卡，不斷地沈思。

　　「把硝化甘油置於盤中，再由底部加熱，能產生爆炸。」

　　「對了，希甯博士曾以鐵錘敲擊板上的一滴硝化甘油……我知道了，必須讓全部的硝化甘油同時加熱或同時受到捶擊才會引起爆炸！」

　　若要使一滴或少量的硝化甘油同時受熱或撞擊，固然容易，但在爆破岩石時，想使岩洞中的硝化甘油同時受捶擊和受熱，談何容易？

　　阿佛列苦思不得，於是把自己研究的結果寫信告訴父親：「爸爸，您的硝化甘油研究工作已有相當的成效，我也正想奮起直追，但卻不能得到良好的爆炸效果，若爸爸有新的發現和進一步的見解，請來信告知。」

　　父親很快就回信說：「我已想出使硝化甘油安全爆炸的方法了，你試著把硝化甘油滲透到黑色火藥裡，如此必可使爆炸安全而穩定。」

　　阿佛列覺得父親的看法很有道理。

　　「兩物加以混合後，當黑色火藥爆炸生熱時，就可使滲透在其中的硝化甘油同時受熱。」

　　於是阿佛列滿懷希望地著手實驗，但仍然無效。

　　「奇怪，為什麼不能引發爆炸呢？」

　　阿佛列在百思不解中忽然憶起小時候玩火藥的情景：「那時把火藥裝入鐵罐中，緊緊密閉後點火，曾引起強烈的爆炸，

看來硝化甘油和黑色火藥的原理應當是相同的。」

於是他把硝化甘油裝在小玻璃管中放入鐵罐裡，再在四周的空隙填滿黑色火藥，然後用導火線點火，「轟」然一聲巨響！

「哈，好極了，這樣一來，硝化甘油就可以有效地使用了。」阿佛列鼓掌叫好，高興極了。

「嘿，我要讓哥哥們吃驚，來嚇唬嚇唬他們。」

他就以同樣的方法來裝置硝化甘油，並做成點火後可拋出的彈丸狀。

「哥哥，今天我有一件很有趣的東西要給你們看，快跟我到河邊去。」

「你到底在玩什麼把戲？」

「很新鮮的玩意兒，你們一定會喜歡而且會很驚奇的，快來呀。」

羅勃特和路德伊希看見阿佛列如此興奮，就好奇地跟他來到河邊。到了河邊，阿佛列將導火線點燃，哥哥們目不轉睛地看著他用力把裝有硝化甘油的鐵罐向河的遠方投去，火藥拖著一條很長的煙霧向河裡掉落，隨即響起一陣極大的迸裂聲，水面上升起一條壯麗的水柱。

「哇！真可怕，這是什麼炸彈？」

「這就是硝化甘油呀！」

「真的？你終於控制了硝化甘油不穩定的爆炸性？你的研究成功了！恭喜你！」

「嗨，你看，魚都浮起來了，這炸藥還可以用來捕魚呢！」

「哈哈，真有趣。」

　　阿佛列似乎已成功地使硝化甘油爆炸了。

　　但這種形態的硝化甘油炸彈仍不太實用，所以阿佛列又繼續努力研究更方便、更實用的製造法。

　　首先，他把塞滿黑色火藥的小管插入裝有硝化甘油的容器中，再以導火線點火，但這樣並不能使硝化甘油完全爆炸。

　　經過多次試驗的結果，他製成了栓緊密封的黑色火藥管，將這種火藥管置放於硝化甘油之中，借著管子的爆炸來引發硝化甘油更強烈的完全爆炸。

　　這次做得很成功，只要用這種裝有黑火藥的密封小管，不管硝化甘油量的多少，都能產生完全爆炸的效果。

　　這種能使火藥完全爆發的小管，便是阿佛列的發明物中著名的「雷管」。

　　雷管的發明，不僅適用於硝化甘油的爆破，對其他各種爆炸性物體也都能引發完全的爆炸。這是諾貝爾最重要的發明專案之一。

　　阿佛列雖能以雷管對硝化甘油的爆炸性做有效的控制，但仍未達到十分理想的實用地步。

　　「不知有沒有比黑色火藥更強烈的引爆物？」

　　阿佛列又開始逐一分析各種化合物的特性，他終於發現了屬於水銀化合物的雷汞。只要以極少量的雷汞裝入管中，就足以引發硝化甘油的爆炸。

　　如今硝化甘油已經大量應用在開礦和公路工程上，這是因為諾貝爾雷管的出現使硝化甘油能發揮強大的爆炸力。然而雷管的貢獻不止於此，它使棉火藥、三硝基苯醇（$C_6H_2NO_2$）$_3$OH（又稱「苦味酸」）以及各種具有爆炸性的化合物都能成為強力的火藥。

諾貝爾發明的雷管，在火藥歷史上可說是從黑色火藥出現以來，一項舉世注目的偉大成就。

弟弟之死

由於阿佛列發明雷管，使硝化甘油能安全地使用於礦山、隧道的爆破工程，因此他滿懷高興地把這項發明帶回故鄉斯德哥爾摩的父親身旁。

「爸，我們將可以掀起一陣狂潮了。」

「是呀，我還以為你的研究工作沒有太大的進展，我自己也一直停滯在黑色火藥與硝化甘油混合的試驗中。」

「爸，讓我們攜手合作，共同組織一個諾貝爾硝化甘油公司如何？」

「構想是很好，但哪兒來的資金？」

「這我來想法子。」阿佛列離開斯德哥爾摩前往法國，他四處拜訪巴黎銀行，向他們說明研究使用硝化甘油是一種具有偉大遠景的事業。但是，沒有一家銀行願意貸款給他。

不過，幸運之神終於向他伸出援手了。法國國王拿破崙三世聽到有關諾貝爾發明強力火藥的消息，非常感興趣，他認為：「硝化甘油在軍事上將有廣泛的用途，銀行應該貸款給他，幫助他發展這項事業。」

阿佛列因此而獲得10萬法郎的貸款，愉快地回到斯德哥爾摩與父親籌建工廠。

工廠位於父親住處與實驗室附近的斯德哥爾摩郊外，這個不起眼的小型工廠，就是諾貝爾火藥工業公司的前身。

1863年，諾貝爾年滿30歲，諾貝爾火藥工廠正式開始製造

硝化甘油。

　　工廠裡5、6個員工在伊馬尼爾與阿佛列的指揮下，十分忙碌地從事於硝化甘油的製造。

　　由於當時肥皂工業特別發達，製造硝化甘油過程中所需的原料甘油，是肥皂工業的副產品，價格低廉，可以大量收購。

　　「在製造硝化甘油的過程中，要特別小心留意才行。」

　　「只要把硝酸冷卻，就不會發生危險。」

　　「但甘油絕對要一點一滴慢慢倒入混合。」

　　在謹慎的作業下，硝化甘油的成品就這樣產生了。

　　在礦業與土木業界，大家都已知道硝化甘油的爆炸足以使岩石粉碎，而且威力遠比過去黑色火藥大好幾倍。

　　用鑿子和鐵錘先將岩石鑽洞，再把硝化甘油放進去，以諾貝爾的雷管使之爆炸，岩石就會很快地破裂粉碎，這種方法遠較以前快速而有效。因此，訂購硝化甘油的人越來越多，諾貝爾工廠也隨之一再地擴大。

　　「爸，我們的生意相當興旺。」

　　「很不錯，這都要歸功於你的發明。」

　　「我相信，硝化甘油的時代即將來臨。」

　　由於硝化甘油用導火線點火也不會爆炸，所以伊馬尼爾和阿佛列竟和一般人一樣，誤以為它比黑色火藥還要安全。

　　他們卻忽略了沙布利洛的教訓，由於過分的大意，終於發生了一件慘事。

　　那是1864年的夏天，在大學裡讀書的小兒子艾米爾·諾貝爾，因放暑假而回到斯德哥爾摩的家裡。

　　他很尊敬他的哥哥阿佛列，而阿佛列也因為艾米爾是最小的弟弟，特別疼愛他，甚至超出兄弟的情誼，如同父親一樣的

呵護照顧他。

艾米爾和哥哥一樣，對硝化甘油非常感興趣，他利用暑假期間到工廠裡幫忙，也藉機做各項研究。

「哥哥，我要設法使硝化甘油的製造過程更簡化、更方便，目前這種方法太麻煩，費用又高。」

「那當然很好，但你要格外小心才行！」

「您放心好了，我會注意不使溫度升高。」

艾米爾每天在工廠實驗室中，認真地從事硝化甘油製造過程的簡化研究。

「艾米爾，你也真是有心人，將來一定能和你哥哥一樣是個成功的發明家。」父親對艾米爾的努力表示嘉許。

不料，9月3日，諾貝爾工廠突然發生爆炸，整座工廠很快地被火舌包圍、吞沒，成為一片火海。

阿佛列和父親伊馬尼爾立刻趕到現場，但已無法挽救，只是顫抖著，眼睜睜地看著工廠化為一片灰燼。

火勢撲滅後，從殘留的灰燼中找出了5具遺骸，其中的一具便是阿佛列最疼愛的小弟艾米爾。

父親和阿佛列所受的打擊遠勝於硝化甘油爆炸時所產生的衝擊，母親更是悲痛欲絕，終日以淚洗面。

經過這次重大刺激後，經常呆若木雞、望著遠處出神的父親，被叫到警察局去接受詢問：「你們對於這麼危險的物品，為什麼未經許可就擅自製造？」

「我做夢也沒想到，硝化甘油這麼不容易引火的東西，竟然會自然爆炸，確實連做夢也沒想到！」伊馬尼爾難以置信地回答。

「既是如此，為什麼會爆炸呢？」

「硝化甘油只有在室溫超過華氏180度時才可能自然爆炸，難道艾米爾在實驗室中，忘了看溫度計？」

「會不會是因為太靠近火源呢？」

「不可能，硝化甘油直接點火都不會爆炸呀！」

「硝化甘油的製造過程如何？」

「就是把硝酸和甘油在很低的溫度下混合產生作用，那是絕對不會發生意外的。」

「你為何沒有事先申請報告？」

「我們還在實驗階段，製造量很少。」

伊馬尼爾並未因此次爆炸事件而受處罰，但從警察局回來的伊馬尼爾卻因腦溢血而病倒了。

事實上，硝化甘油具有非常危險的性質，這次事故很可能不是因為艾米爾使溫度升高所引發的。

阿佛列從悲傷中，重新再奮起，他立下一個宏願：「我一定要找出硝化甘油最安全的使用、存放和大量製造的方法。」

他試圖採取以濃硫酸混合冷的濃硝酸再混合甘油的方法。

無奈警察機關嚴禁諾貝爾火藥工廠復業，也不准許他們在斯德哥爾摩五公里境內發展這種危險事業。

阿佛列的心意並未因此而動搖，他決定到鄉下去尋找用地，但沒有人願意租讓土地給他建立危險的火藥工廠。為了自身以及附近人家的安全，人們都拒他於千里之外，阿佛列不得不死了這條心。

他只好到一個大湖上，買了一艘大船作為工廠，這便成了移動式的「水上工廠」。

把船錨拋下來以固定船隻的位置，這條停泊的大船就成了阿佛列的工作場所。但其他的船隻顧慮到自己的安全，也都為

了上次的爆炸事件而心驚膽寒，他們不停地指責、反對。為了避開這些令人難堪的困擾，阿佛列只得一再改變泊船的位置。像這種移動式的工廠，可以說是獨一無二的了！但阿佛列每天都充滿幹勁而愉快地從事硝化甘油的研究與製造。

由於上次的爆炸事件，阿佛列無法得到人們的諒解，大家都認為硝化甘油是足以致命的危險品，根本沒有人願意購買。

「真糟！沒有人敢使用，我的努力豈不等於白費？我一定要想個辦法！」阿佛列暗忖。

「對了，何不做點宣傳工作？」

於是，他就發出帖子，邀請學者、技術人員、土木業者以及軍人等，前來參觀示範表演，請帖的內容是：

> 用硝化甘油作為炸藥，不僅威力強大而且安全性很高。
> 關於這一點，似乎很多人誤解，為了證明它的安全與實用，
> 我將做一次表演性的示範，屆時歡迎光臨指教。
>
> 阿佛列・諾貝爾敬上

阿佛列就在這些受邀者（他們都出於被動，雖然前來觀摩，心中卻極不樂意）的面前細心示範表演。

他首先從瓶中取出硝化甘油置入盤中，再用木棒引火點燃，但硝化甘油只是燃燒而不爆炸，阿佛列立刻把火熄滅說：「硝化甘油只會像這樣燃燒，並不會爆炸。」

他接著又用燒紅的鐵棒插入到硝化甘油中，這次依然沒有爆炸。

「像這樣用灼熱的鐵棒插入，仍不足以使硝化甘油發生爆炸，由此可以證明它的安全性。但有一點最重要的就是，若以

雷管來引發，它就成了威力最強大的爆炸物了。」

於是阿佛列以雷管來引發硝化甘油，為大家做示範表演。受邀者目睹這些試驗，才又慢慢地瞭解而接受硝化甘油，因此工廠的訂單又源源而來。

其實這是一次冒險的試驗，只要稍有差錯，阿佛列將會性命難保。

在用木棒點火的實驗中，若非阿佛列以極靈敏的手法，在未發生爆炸前即把火熄滅，否則火勢的蔓延，將會造成可怕的爆炸。

至於用紅透的鐵棒插入，沒有引起硝化甘油的爆炸那是阿佛列命不該絕，如果不幸爆炸，單單鐵棒飛起就足以置他於死地了。

就由於他的幸運和機靈，終於為硝化甘油鋪下了一條坦蕩的大道。由於諾貝爾大力宣傳的結果，人們開始瞭解硝化甘油炸藥的實用價值。諾貝爾的努力已接近成功的邊緣。

他終日忙碌奔走於硝化甘油的實驗表演以及前往礦區做詳細的說明示範。硝化甘油的訂單，又紛紛湧至。

「看樣子，我可以不必再到湖上的流動工廠去工作了！」阿佛列心中暗喜著。他開始為尋找工地而奔波，但人們仍不肯租讓土地給他，他們的意思是：「硝化甘油是很安全，但凡事不怕一萬，只怕萬一。」

阿佛列的忙碌與奔波毫無結果，地主們都不願提供用地，一切努力看樣子是白費了！忽然間，靈機一動，心想：「照這種情勢看，要在瑞典境內建立工廠是絕不可能了，倒不如向外發展，或許還有希望。」

1865年春天，阿佛列來到德國，並將硝化甘油做了廣泛的

宣傳，終於在漢堡結識了一位名叫威因克拉的企業家和另一位名叫潘德曼的富商，並邀請他們合夥。

「諾貝爾研究的硝化甘油炸藥，我認為將來發展的可能性很大。」

「我也有同感，既然你要和他一起合夥經營，我希望也能參加一份，在資金方面就由我投資吧。」

於是，世界上首具規模的硝化甘油公司，終於在德國漢堡成立。

1865年11月8日正式設廠製造。廠址位於易北河上游，距漢堡10公里的克魯伯，工廠四周環繞著厚4公尺高3公尺的圍牆。

這座工廠雖小，卻從此支配了世界火藥業界。在漢堡設立硝化甘油工廠的事，不久便成為最熱門的消息而傳遍世界每一個角落。雖然引起大家的注意與好奇，但認為它有高度危險性的仍不乏其人，因此有效的說明宣傳又成為當務之急。於是諾貝爾和威因克拉到各國去大肆宣傳，詳細地解說，這才使硝化甘油再度為人們所接受。

當時在德國，硝化甘油也僅僅是被用在鐵路工程方面和鐵礦的開採上。

「怎麼樣？硝化甘油相當厲害吧！只要一爆炸，就能產生強於黑色火藥好幾倍的力量。」

「是呀，在鑽孔的岩石中放入黑色火藥，只不過是噴火而已，但如果放入硝化甘油，那可不同了，全部的石頭都被炸得粉碎！」

「聽說它是危險物品，但在德國還沒出過任何意外。」

硝化甘油和諾貝爾的信譽步步高升，其實硝化甘油依然和

從前一樣是危險的爆炸物，它之所以未節外生枝，乃因德國氣候寒冷，在低溫下的硝化甘油是不容易甚至根本不可能發生爆炸的。

在搬運之際，基於安全著想，通常是把硝化甘油放在小鐵罐後再裝入木箱中，為了避免搖動碰撞，還在間隔處填入矽藻土，這種包裝雖已設想周全，但若不慎把木箱倒置，那後果就不堪設想了！

這種裝置，後來竟成為炸藥發明的重要啟示，真可說是造物者奇妙的安排。

儘管如此，但硝化甘油本身具備的危險性以及搬運時的不慎，仍使意外事件絡繹發生。

硝化甘油是一種黏稠的液態物，有些無知的人，竟將這種高度危險性的液體當做潤滑油來使用。

在硝化甘油日趨發達之際，羅勃特想要知道硝化甘油對自己目前從事的石油事業是否能有所助益，而從俄國回到瑞典。

羅勃特把硝化甘油裝在瓶中，單獨前往瑞典的基督城做實驗，回來以後，阿佛列問他說：「哥哥，你實驗做得如何？」

「實驗的結果是不錯，但一路上有很多失策的地方。」

「到底是什麼事？」

「在前往基督城的途中，有一段沒有鐵路，必須換乘馬車，我就把硝化甘油的瓶子擱在馬車的行李架上。」

「那多危險！」

「我根本忘了這回事，只顧和鄰座的婦人談天，等到達終點時，才發現因為一路的震動而破了一瓶。」

「結果呢？」

「那漏出的硝化甘油沿著車壁一直流到車輪去了。」

「真太危險了，萬一失火了怎麼辦？哥哥，我已經聽得毛骨悚然了！」

「你先別慌，還有下文呢。我到了基督城後只得用剩下的一瓶來做實驗，等參觀的人到齊後，我才發現瓶中所剩的硝化甘油已經所剩不多，我嚇了一跳，趕忙去問旅館服務生，你知道嗎？他竟以為那是光亮劑，拿去擦皮鞋了！」

「啊，真是不要命了！」

「我就用那僅存的一點硝化甘油來做實驗，請工人在很大的岩石上打洞，再灌入硝化甘油使它爆炸。」

「成功了嗎？」

「結果很成功，原先打洞的那些工人認為這種像臭牛奶的東西怎可能炸開石頭，都紛紛取笑我，誰知道爆炸後不但石頭被炸得粉碎，連那些還沒走遠的工人也因空氣劇烈流動產生強風而被吹到空中。」

「他沒事吧？」

「還好，只是在空中翻了個筋斗，像馬戲小丑般的又站回地上，哈哈大笑。」

「哈哈……不要開玩笑！他的確做得不錯。」

就連諾貝爾家人對硝化甘油都如此馬馬虎虎、粗心大意，可以想見一般人根本無視於它的危險性，難怪硝化甘油的意外事故頻頻發生，輿論界的責備又開始不絕於耳。

那是發生在紐約一家旅館的爆炸事件。

有一位德國旅客到紐約旅館投宿，當他要外出時，把一個小盒存放在櫃檯服務生那兒。這位服務生不知盒子裡裝的就是硝化甘油，對於它的危險性更是茫然無知，於是隨手把它放在坐椅底下。

次日早晨，服務生發現那盒子正在冒著黃色煙霧，驚慌之餘，他拿起盒子就往馬路上丟，只一瞬間，就引起了一場大爆炸。

附近一帶民房的玻璃窗全被震破，而馬路上那盒子掉落的位置炸成一公尺深的陷坑。

這件事立刻成為報紙的頭條新聞，以最醒目的標題、最大的篇幅刻意指責硝化甘油。

1866年4月3日，巴拿馬也發生了爆炸事件。

一艘名叫「歐洲號」的輪船，從亞司賓爾港出航時，放置於甲板上的硝化甘油突然爆炸，致使17人死亡，船身也受到嚴重的損壞。

由於德國氣候寒冷，使硝化甘油變得極為安全，但在巴拿馬這種熱帶地區，它的危險性不容忽視，諾貝爾對這種問題亦憂心如焚。

「諾貝爾先生，又發生爆炸事件了。」

「真糟！在哪裡？」

「在舊金山一家輪船公司的倉庫中，已經有14人死亡。」

「天呀！在舊金山發生這種事，這下問題可大了！」

「聽說民眾正激烈地呼籲禁止使用硝化甘油，到處都張貼著反對的標語。」

不久，在澳大利亞的悉尼，也因兩盒硝化甘油的爆炸，使倉庫和附近的建築物全部毀壞。

「這樣下去豈不完蛋？要趕快謀求好對策才行呀！」

緊接著又在克魯伯的工廠中發生了爆炸災害。這是1866年5月的意外事件。

接踵而來的意外災害，已到了無法收拾的嚴重地步，各國

也都嚴格禁止硝化甘油的貯存和製造。

聽到這些駭人聽聞的消息，最感震驚的要算是發明硝化甘油的沙布利洛了。

「我怎能會造出這種殘害生靈的罪惡物品來？一條條生命就像從我手中被奪走一般，我真是後悔！」他滿懷愧疚地責備自己。

法國和比利時最先禁止硝化甘油的製造與使用，接著瑞典也禁止輸入。至於英國，雖無明文規定，但取締之嚴無異於禁止。其他大多數國家也一一禁止輸送、銷售，硝化甘油幾乎成為世界各國望而生畏的絕對禁用物品。

不僅硝化甘油受禁，對於諾貝爾的責難亦不絕於耳，但他一點也不灰心。

「硝化甘油的爆炸大多在輸送途中發生，但在使用時從未發生過意外，只要以安全的方法運輸，我相信它絕對是安全的。」

諾貝爾開始研究硝化甘油如何才能運送或存放，他曾試著將硝化甘油溶於甲醇中來運送，等到需要時，再將甲醇蒸發取用，但這種方法仍然不夠理想。他也曾有把液體的硝化甘油變成固體的構想。

甘油炸藥

一連串的爆炸事件使硝化甘油不再受世人的信任，而被禁止製造與運送，更是造成諾貝爾火藥工廠的蕭條。

「諾貝爾先生，我們的事業就此完了！」

共同合夥人威因克拉失望地說著。

「不會的，絕對不會就此結束的，硝化甘油的強大威力，絕非其他物品所能取代的。」諾貝爾依舊滿懷希望。

「話是不錯，但沒人肯使用呀！」

「所以我必須設法改變它的外形，若以目前的形態出現，當然無法被大眾接納。」

「那該怎麼辦？」

「威因克拉先生，我正在想辦法設計最安全的硝化甘油形態，我相信一定會成功，我們的事業仍有光明遠大的前景。」

「諾貝爾先生，你真是一位樂天派，希望你能有成功的一天。」

阿佛列決心全力以赴。安全的運送裝置是安全使用硝化甘油的第一要件，阿佛列將硝化甘油溶入甲醇中來運送，等要用時，再把甲醇蒸發掉的方法。

「仍然不行，過於繁瑣，沒有人願意用麻煩的東西，而且炸藥本身以液態出現，實在太不方便了！」

「我們可以使它冰凍。」

「可是，在熱一點的地區就行不通了呀。」

「那當然，解凍後它仍是液體，只有冰凍狀態才不會爆炸。」

「跟黑火藥混合可以嗎？」

「這方法我父親做過，因為黑火藥不太容易吸收硝化甘油，所以也不十分理想。」

「可是它一定要和其他物質混合才行，否則怎能成為固體呢？」

「對呀，我以前怎麼沒想過這一點？我就把硝化甘油和其他物質混合試試看。」

諾貝爾試著把硝化甘油和其他各種固態的粉狀物相混合，他發現混合鋸木屑的硝化甘油，能引起爆炸。

「太好了！這下可以了！」

但木屑粉也不很容易吸收硝化甘油，因此爆炸威力也相對地會減小。於是他又用土、陶器粉來混合，做了各式各樣的混合實驗。

「對了，要使液體的硝化甘油能被大量地吸收，木炭粉該是再好不過了。」

阿佛列一方面苦心研究而想出了這個方法，一方面也去到曾經留學過的美國，調查爆炸事件的情形。

為了專心調查，他把工作暫時放下，並把他的構想告訴了大哥羅勃特。

在美國調查的結果，遠勝於他所想像的嚴重程度，阿佛列觸景傷情，想起了可憐的弟弟艾米爾的那次事故，心中非常地難過。

「無論如何，我必須努力研究創造出安全的硝化甘油炸藥，我怎能眼睜睜地看著那些無辜的性命一再地被犧牲呢？」

阿佛列很快地回到德國克魯伯工廠，此後他更是無時無刻不為製造安全的硝化甘油而日夜苦思。這時候，哥哥羅勃特又來了一封信——

「阿佛列，你將木炭粉加入硝化甘油的構想的確很正確，混合木炭的硝化甘油無論在運輸或使用上都比液體時來得方便，而且威力也沒有減弱。依我看，你日夜期盼的東西已經產生了。」

「原來哥哥已做過實驗了，但不知是否有比木炭更好的混合材料？」

阿佛列在細心思考下，似乎隱約記起以前為了搬運上的安全，曾在硝化甘油的盒子空隙中填滿矽藻土的事。

「對了，有一次矽藻土因硝化甘油的滲出而結成硬塊，用矽藻土試試看，或許有用。」

矽藻土是一種又細又輕的土壤，它是由一種叫矽藻的微生物外殼所集結而成的，具有吸收各種物質的特性。而且，它的價格低廉，也不會短缺。

阿佛列立刻用矽藻土來混合硝化甘油，它的吸收能力之強真是出乎意料，當它吸收比本身多3倍的硝化甘油後可呈現像黏土一般軟硬適中的塊狀物體。

「哇，這樣可使硝化甘油被大量地吸收了。」

阿佛列把矽藻土混合成的硝化甘油做成棒狀，以便插入石洞中，爆裂岩石。

這種混合體的爆炸力比木炭粉、鋸木屑等其他混合體的威力還要強大。

「這種與矽藻土混合的硝化甘油與液態時一樣猛烈，而且它的優點是不會使爆炸物體過於細碎而飛濺各處。」

既能有效地使用，那麼很自然地又要考慮到安全設施，於是阿佛列再次顧慮到安全問題。

他把黏土般的塊狀硝化甘油混合物從高處投落，並未發生爆炸。再把它製成小粒放在鐵板上敲擊，也不會爆炸。「太好了！這樣的成績該是滿分了！」

諾貝爾興奮異常地用雷管來做引爆試驗，這種硝化甘油矽藻土隨即發出微小的聲音而爆裂。

「從高處投擲或敲打都不會爆炸，但只要用雷管引發，就會發生強烈的威力，這就是我期盼已久的最理想的炸藥形

式。」

阿佛列喃喃自語，此刻的喜悅真是無法形容。

他立刻拿起紙筆，寫信告訴爸爸、哥哥和威因克拉這個大好消息。

硝化甘油從此以固態呈現於世人面前，不管在運送或作業上都有顯著的方便與安全效果，再不會有無謂的傷亡產生了。

諾貝爾迫不及待地去申請專利。

他並非就此作罷，依然從事硝化甘油和矽藻土的合成比例實驗。他還必須從各地出產的矽藻土中，挑選品質最優良的來使用。

這種混合而成的炸藥，在7.5的硝化甘油與2.5的矽藻土比例下混合，不但威力最強而且軟硬適度，至今這種合成比例依然被公認為最完美的而為世人使用。

「該給這種新的炸藥什麼樣的名稱？」

「我應該取一個響亮好聽的名字……硝酸矽藻土、固體硝化甘油？不好！不好！」

最好是能把這種優越的性能，一語道盡的名稱。

「對了，就叫甘油炸藥（Dynamite，這是自精悍的、充滿活力的Dynamic這個單字而來，我們現都簡稱它為炸藥）。嗯，就這麼命名！」

「甘油炸藥！甘油炸藥！」阿佛列高興地念著，就這樣新的炸藥被命名了。

為了不再出紕漏，阿佛列十分小心謹慎。

由硝化甘油和多孔物體，也就是具有很多細孔，很容易吸收液體或氣體的材料互相混合，所產生爆炸力強大而又安全的新產品，於1864年正式取得專利，但直至1866年才問世。

　　新炸藥遲遲不對外公開是因為阿佛列要一再地經過證實，保證它絕無危險才肯問世。由這點我們可知，阿佛列不再像以前那樣對危險物品掉以輕心了。

　　他一再實驗的結果，每次都得到相同的答案，他認為這樣可以使一般人安心使用了。

　　諾貝爾將新制炸藥對外公布後就開始製造出售。

　　1866年10月，克魯伯地方組織了一個甘油炸藥安全審查委員會，對諾貝爾所製造的炸藥在安全性和威力方面做了一次安全審查。

　　全體安全審查委員一致認為：這是一種成功的產品，在使用和運輸上的安全問題，絕對可以放心。

　　多年來辛勤的努力，總算有結果了。諾貝爾的生活，如同旭日東昇，充滿了歡樂、喜悅與希望，工廠裡炸藥的製造量，也與日俱增。

　　第二年的年初，德國礦業界人士前來訂購大批的甘油炸藥。甘油炸藥此刻深受礦業界人士的注目而稱之為諾貝爾安全炸藥。

　　在礦山開採時使用甘油炸藥已成必然的事，而且從未發生意外。由於挖掘礦坑的效率提高，使一般礦山業主的利潤日增。每一個礦商都眉開眼笑，至於以前曾批評、誹謗諾貝爾的人，如今也都對他表示極高的崇敬與讚許。

　　到了1867年5月，不僅德國國內訂購採用，連英國也加以採用，9月，阿佛列的祖國瑞典也開始來訂購了。

　　「瑞典已經願意使用，我總算是有機會為國家盡一點心力了。」阿佛列雖身在外國，但他從未忘記自己生長的瑞典。他一生都牢記要把握機會為祖國盡忠效勞，因此瑞典訂單的飛來

是他最感欣慰的事。

「恭喜！恭喜！」除了父親和哥哥以外，朋友們也都來信道賀。

一度被視為可怕的危險物品，現已成為賜福人類的大功臣。甘油炸藥用途之廣難以盡述，諸如隧道工程、開發鐵路、挖掘運河、開山僻地、化荒丘為良田等等都是。

採礦技術隨著甘油炸藥的運用，產生了偉大的革新，不僅鐵礦被大量地開採，就是其他的金屬亦源源不絕地陸續為人們充分利用而促成了世界工業快速地進步。

諾貝爾的克魯伯火藥工廠在不斷地擴展中，甘油炸藥的生產額也一年年地提高。1867年，出廠的甘油炸藥產量是11噸。1868年約增為78噸，接著又增為185噸，再過一年，它的產量是424噸，而後馬上又提升為785噸。每年的製造額都在直線上升，一直到1874年，甘油炸藥的供應量已爬升到每年3120噸的高生產額了。

諾貝爾的聲譽，隨著甘油炸藥製造量的急劇上升而傳遍全球的每一個角落。

這種新型炸藥很快就遍布全球，促進了世界文明的積極進展，然而在未遍及各國之前，卻有一段艱難困苦的過程。

在設立克魯伯火藥工廠時，德國立即對甘油炸藥加以認可而廣泛地使用，但其他國家並非如此，所以諾貝爾必須到各國去遊說，闡明甘油炸藥的利用價值。

1867年5月，甘油炸藥在英國取得專利權，卻不准在英國使用。

「真是怪事！授予專利卻禁止使用？」

諾貝爾對英國的作風疑惑不解，他就暗中去查訪。後來獲

悉，原來是阿培爾教授為了怕自己的棉火藥會受到影響，所以才極力反對使用甘油炸藥。

諾貝爾向英政府寫信說明阿培爾教授的錯誤觀念，此後英政府才知道甘油炸藥的安全可靠而准許製造使用。

1871年英國在格拉斯哥設立英國甘油炸藥公司，並在蘇格蘭的阿魯尼亞設立工廠。後來這個火藥製造廠成為世界最大火藥廠之一。

不久後，阿佛列來到法國。他很希望在這令他難忘的法國設立火藥工廠。

1869年春天他抵達巴黎。巴黎方面早已聞知阿佛列的偉大事業，尤其是一位名叫帕魯・巴布的年輕企業家，對阿佛列的超人智慧與毅力佩服得五體投地。

巴布經營製鐵工業，當他得知阿佛列來到巴黎的消息後，立刻去拜訪他。

「諾貝爾先生，對於您偉大的研究工作我真是欽羨不已！尤其是您以前發明的雷管和此次甘油炸藥的成功，我非常感興趣。」

「謝謝你，我感到很榮幸。」

「我一直期望能在法國設立甘油炸藥製造廠。」

「這可真巧，看樣子，我們可以共同在巴黎開創此番事業。」

因此，他們兩人就向法國政府提出申請，但未能得到法國政府的許可。

原來火藥在法國是屬於公賣事業，政府的火藥公賣局只顧眼前的利益，不願意肥水外落，因此禁止甘油炸藥在法國境內生產。

「我完全知道甘油炸藥的威力和安全性。」

「這對法國將是一種嚴重的損失。」諾貝爾亦深表遺憾。

「更糟的是，德國早已大量生產強力甘油炸藥，萬一德國與法國打仗，法國在軍力上，如何與德國對抗？」巴布憂慮地說著。

「是呀！依目前局勢的演變，戰爭將很快會爆發。」

果然不久後，德法戰爭爆發了。

當時的德國稱為普魯士，這次戰役就是歷史上著名的普法戰爭。普軍因使用甘油炸藥，一連攻破法軍許多重要陣地。法軍雖盡力死守，但火藥的威力比不上德軍。法軍屢次敗北，而德軍則節節進擊，攻入法國境內。

「普軍使用的炸藥威力太大，無法對抗。」參謀長向司令官報告。

「這該怎麼辦？」

「敵軍火藥的威力，遠超我方軍火，希望我們也能採用高性能的炸藥。」

「那是什麼火藥，難道不是棉火藥？」

「我軍目前使用的正是棉火藥，它連城牆都無法爆破。」

「那麼敵軍使用的火藥是什麼？」

「是甘油炸藥。」

「甘油炸藥？我好像聽過。」

「那是瑞典人阿佛列・諾貝爾發明的，以硝化甘油作原料。」

「是阿佛列嗎？我方為什麼不製造呢？」

「有一個叫巴布的人，曾與阿佛列一起向我政府申請製造，但未獲政府批准。」

「這是什麼話？快去請巴布到軍司令部來，我要仔細地聽聽經過的情形，也許我們還來得及。」

參謀立刻去查訪巴布的住所。

「找到沒有？」

「他本來在巴黎近郊經營鐵工廠，現在已應召入伍，目前正積極設法調查他所屬的部隊。」

「趕快去找！」

不久，參謀又來到司令官的辦公室。

「報告司令官，巴布所在部隊已查出來了。」

「在哪裡？」

「在都爾要塞。」

「什麼？都爾？都爾不是昨天已被敵方攻陷了嗎？」

「是的。」

「唉，太糟了！已經沒有辦法了。」

儘管士兵勇猛，置生死於度外，但仍無法抵擋新火藥的威力。法國終於向普魯士投降，結束了這場戰爭。

巴布在都爾陷落後，被普軍俘擄，戰爭結束後才又回到法國。

「諾貝爾先生，這次我親身體會到甘油炸藥的實際威力，真是太可怕了！」

「你能平安回來就好了。」

「甘油炸藥使要塞的防禦工事頃刻瓦解，很多士兵橫屍戰場。」

「那是必然的。」

「但那些傷亡的士兵，真令人慘不忍睹！」

阿佛列聽到巴布的形容後，心中的悽楚油然而生，他又憶

起了死去的幼弟艾米爾。

「甘油炸藥竟然給人類帶來痛苦，帶來不幸！」阿佛列輾轉地思索，並深深地自責。

「不，您千萬不可有這種想法，炸藥本身無罪，是戰爭帶給人類痛苦。如能適當地使用，比如說開礦及土木建築等，不是給人類造就了無比的利益嗎？」

聽巴布這麼一說，諾貝爾才稍覺心安。

法國戰敗後，拿破崙三世退位，重組一個新的共和國。新生的共和政府，為使法國能壯大起來，計畫在工業方面求發展，因此積極帶動礦山開採和土木工程事業。

諾貝爾和巴布立刻向法國政府申請建立火藥工廠，不用說，他們馬上得到法國政府的批准而在法國南部的柏立由設立了炸藥工廠。

在法國全面發展鐵路工程和礦山開採的激盪下，促使炸藥工廠急速的進展，並外銷瑞士。

諾貝爾和巴布也在瑞士創立了一家炸藥製造工廠。

炸藥的大量製造與充分利用不斷地向各國推展，義大利發明家沙布利洛眼見這種情形，也不再保持緘默。

他於1873年，在義大利的托斯卡諾設立了炸藥工廠，他以矽藻土和硝化甘油混合做火藥，用「黑色素」為名出售。

炸藥促進許多國家在工業上的神速發展，不僅是先進的國家，對於發展中的國家更具有開啟的作用。

可塑炸藥

諾貝爾炸藥的強大威力，漸漸受到各國一致的認同，它不

僅帶給採礦業、土木工程、鐵路建設等事業以便利，更改善了軍事上的技術。

但人們總是求好心切，希望時時有更新的產品問世，那些從事於開礦事業的人一再要求阿佛列做更精良的發明、研究，希望出現一種比甘油炸藥的威力還大的炸藥。

諾貝爾又開始絞盡腦汁，他想：「甘油炸藥由硝化甘油和矽藻土所合成，硝化甘油的威力已經達到極限了。」

幾經細思的結果，他想到矽藻土只是土而已，它既不燃燒也不會爆炸，無法在爆炸力上有絲毫作用，但如果它本身具有爆炸力，情形就不同了。

諾貝爾靈機一動，想著有什麼東西本身具有爆炸力，而又能取代矽藻土。

黑色火藥以前已經試過，它的吸收力不強，根本不需要再考慮。

於是，他用硝酸氨、木屑粉和硝化甘油予以混合，雖然三種東西都能完全燃燒，但它的威力仍無法取代甘油炸藥。

「諾貝爾先生，甘油炸藥中的硝化甘油經常從包裝紙中滲透出來，您看可否加以改良，使它不再滲透出來。」有一天，一個礦業者向諾貝爾提出這樣的要求。

果然甘油炸藥只要稍受擠壓，硝化甘油就會從矽藻土中滲出。這是一種損失，是否有吸收力更強的東西可取代矽藻土？

日子不停地流逝，但仍未找出更好的代用品。

早在1845年，瑞士的巴賽大學有位名叫薛龐的教授。他專門研究各種物質與硝酸的混合作用。有一次，他把棉花放入硝酸和硫酸的混合液中浸泡。

第二天，他把棉花取出用水清洗，棉花卻絲毫沒有被溶解

的跡象，於是他把那塊浸泡過的棉花晾乾。晾乾後的棉花比以前稍微硬一點，薛龐教授用鉗子夾起棉花，放在酒精燈上燒。棉花「轟」的一聲燃燒起來，不但沒有煙霧，也不殘留任何灰燼。薛龐教授大吃一驚，他發現棉花可以製成無煙火藥，於是爆炸時不生煙霧的火藥棉產生了。

火藥棉很快地引起火藥公司和政府當局的注意，因為它不生煙霧，不論用在大炮或各種槍械，都不會被敵人發現射擊的地點和位置。

當時機關槍已被使用，但它的子彈是由黑色火藥製成，不但發射後，很容易被敵方偵悉發射的位置，同時也會使發射者本身因煙霧造成的模糊不清而無法瞄準，因此機關槍在當時不能算是很有利的武器。

無煙火藥早就是各國軍部和兵工廠期待出現的產品，很多火藥棉的製造廠相繼興起，開始製造無煙火藥。但工廠卻常有爆炸事件發生，經常有新建的工廠在剛剛動工後，便立刻化為灰燼。

火藥棉的危險性太高，無法繼續生產，因此所有的火藥棉工廠都紛紛歇業。

當時，美國有一個名叫美納爾的醫科學生，發現了一件事。他使棉花和硝酸發生輕微的作用，製成了類似火藥棉的藥劑，這種藥劑很容易溶解於酒精和乙醚中。

把溶化的液體，塗抹在物體的表面上，乙醚和酒精會很快揮發，而形成一層薄膜，這層薄膜就是硝酸纖維素膠片。

美納爾是個醫科學生，所以他的發現仍不離本行，很快地被運用在醫學治療上，這就是大家熟知的絆創膏的由來。

把硝酸纖維素塗在傷口上，它具有絆創膏的作用，美納

爾把他的發現製成水溶液出售，銷路出奇地好。這種液體就叫「棉膠」（colloid），它一直被當做是水絆創膏來使用。有時也可當做醬糊用。

諾貝爾正是由這種棉膠，引發了他對新產品的靈感。

有一天，諾貝爾在實驗室中不小心被玻璃割破指頭，他立刻在傷口塗上棉膠，繼續從事於他的研究實驗。不料，到了晚上，諾貝爾上床後，手指竟疼痛地使他醒來。

「奇怪，傷口怎麼了？」

那疼痛乃因其他藥物滲透傷口所引起的。

「咦，棉膠還是好好的，並未脫落嘛！難道傷口化膿了不成？」

他把黏住傷口的棉膠撕下來，用水洗淨傷口，疼痛似乎減輕一些，他再塗上新的棉膠，傷口已不再像先前那樣劇烈的疼痛了。

諾貝爾再度回到床上，心中暗忖：「到底是什麼原因？一定有某種物質透過棉膠，侵入傷口。在我睡前做了些什麼？啊！對了！我摸過硝酸，這麼說，硝酸具有透過棉膠膜的能力。」

諾貝爾突然間若有所悟，顧不得身著睡衣就飛奔到實驗室去。

「對！把硝化甘油和硝酸纖維素混合看看，這兩種都是爆炸物質，硝酸纖維素是固體，如果兩者能完全融合，必能產生威力更強大的炸藥！」諾貝爾作了如此的假設後，就立刻開始著手去做。

他取出棉膠液和硝化甘油，以各種不同的比例互相混合。試驗的結果，在某種比例下，他得到類似果凍一般軟硬的膠質

合成物。

「這就是了！」他興奮地說。

這次實驗做得非常順利，在短短的時間內，已製成了威力很強的火藥。他凝望著放在盤中像果凍般的炸藥，一瞬間，陽光已照滿阿佛列喜悅的臉，早把手指的疼痛忘得一乾二淨了。

新發明的硝化甘油乃無煙火藥，是由硝化甘油和硝酸纖維素所製成像果凍狀的膠質物體，可塑性很高，我們就稱它為「可塑炸藥」吧！

可塑炸藥有極為強大的爆炸力，因為它合成的成分已不再是矽藻土，而是本身具有爆炸力的硝酸纖維素。

甘油炸藥中的矽藻土，只能作為吸收硝化甘油的混合物，而硝酸纖維素可與硝化甘油完全溶合成一體，形成像果凍般的膠質。

無論在運輸或使用上，可塑炸藥與甘油炸藥的安全性是不相上下的。而且任憑擠壓，可塑炸藥中的硝化甘油絕不會離析出來。

「諾貝爾先生，這真是了不起的發明，請趕快發表出來讓世人見識見識吧！」諾貝爾的助手理德・貝克向他建議。

「凡事不可操之過急，對於採取哪一種比例來調合或哪一種硝酸纖維素最為理想，還得做一番仔細的研究。」諾貝爾慎重地表示。

諾貝爾做了各種濃度不同的硝酸纖維素。也就是改變棉花和硝酸的作用，使棉花的硝化度由高至低做了各種程度不一的硝酸纖維素，並且再以各種不同的比例和硝化甘油混合。他一共製成了250種混合物，再一一地試探其性質的優劣和作用的強弱。

　　理德‧貝克對炸藥的研究具有濃厚的興趣，因此他能夠成為一個認真而熱心的好幫手，不僅協助諾貝爾做各項試驗，也負責設計製造機械方面的工作。

　　新製成的火藥由於可塑性極高，所以適合於各種用途，也因此製成了各種形態。用途不同的炸藥，像特級炸藥、凝膠（Jelly）炸藥，或類似果凍般的可塑炸藥等。

　　在各種形態的新產品中，以果凍狀的炸藥最為安全且威力十足，它是由7%的硝酸纖維素混合硝化甘油而成的。

　　這種混合了硝酸纖維素的炸藥，爆炸威力遠大於純硝化甘油。

　　「諾貝爾先生，這種炸藥的威力真是強勁，但放在鐵板上敲打，卻毫無反應，這是怎麼回事？」理德‧貝克驚奇地問。

　　「是啊，這種結構的炸藥，才算完全的成功。」諾貝爾內心充滿喜悅地回答。

　　「豈止是成功，簡直是成功中的成功！」

　　「為什麼？」

　　「因為這種新炸藥不怕潮濕，在水裡也可照常使用。」

　　「哈哈！也許可以用來捕魚呢！」

　　「嗯，我們就以漁業用炸藥來作宣傳，如何？」

　　「我想，它真正的用途還是在於港灣建設時，用來爆破水底岩石，比捕魚要來得更恰當而有意義。」

　　「有理！以前發明的甘油炸藥使礦山開採、隧道修築、鐵路建設等事業勃然興起，如今又可使水底工程、港灣建設欣欣向榮，這些貢獻，真是太偉大了！」

　　阿佛列‧諾貝爾繼甘油炸藥之後，又發明了硝化甘油系無煙炸藥，為人類謀求更高的利益。這是在1878年完成的。

這種炸藥很容易塞入岩石的孔穴中，而且可用紙來包裹，不僅使用、包裝簡便，在威力方面，也絕不遜於甘油炸藥，這是新產品的最大優點。由於運輸以及工程現場作業的便利，硝化甘油系無煙炸藥受到礦業、土木業者的竭誠歡迎。

不過，價格稍嫌昂貴是它唯一的缺點，但這並不影響它的銷售途徑，很快便在世界各地暢行。

像果凍狀的硝化甘油系火藥，在世界上仍被認為是最好的炸藥。

當一件新產品誕生之後，並不以此為滿足，反而致力於創新另一個產品的精神，正是阿佛列成為一個偉大發明家的最大原因。

為和平著想

甘油炸藥、硝化甘油系的可塑炸藥等等強力爆炸品的出現，使火藥事業產生了顯著的變化，並且從歐洲國家擴展到全世界。

「我這樣做對嗎？」阿佛列心中雖有滿足的喜悅，卻也難免充滿不安、焦灼和自責的成分。

「我還要繼續製造威力強大無比的火藥嗎？不！我不能，那種無法抗拒的威力，將使人類走向自絕之路。」艾米爾的慘況，又一幕幕浮現在他眼前，他心中絞痛難安。

這位舉世聞名的偉大發明家和企業家的阿佛列又產生了另一個想法：「不要太懦弱！科技文明的進步將永無止境，任何一種事業將如海中浪濤般不斷地向前推動，火藥事業將不會因我的停止而滯留不前，它同樣會繼續壯大，邁向更新的里

程。」

這樣的念頭不久又被仁慈善良的一面所淹沒。

「硝化甘油、甘油炸藥所造成的事故，不知犧牲了多少無辜的生命。普法戰爭中士兵慘重的傷亡，是歷史上任何一次戰爭都難與比擬的。

「這些慘痛的事件，難道不是我一手造成的？難道不是我的罪過？

「不！即使我不發明炸藥，它也有出現的一天。」

「但我不願意讓眾人唾棄、指責，稱我是罪魁禍首，帶給人類無窮的災害。」

複雜的情緒像亂絲般纏繞著阿佛列。

「不要想這麼多了，這些討厭的問題會使我神經衰弱。」阿佛列不想作繭自縛，只得如此自我安慰。

從小就崇拜雪萊的諾貝爾，深受他博愛和平主義的影響，但是因為父親事業的關係，自幼就出入於武器製造場所。他喜歡研究火藥、設計機械，這兩種極端的心態，使他感到矛盾、煩亂。

「火藥是殺人的武器？」

「不！是開闢道路、挖掘礦石、促進文明的利器。」

「可是槍和大炮都因火藥而使城鎮、要塞摧毀，士兵的傷亡不計其數。」

「但火藥也使工業發達，改善人類生活。」

「火藥具備多種用途，只要正確地運用，它並不會危害人類。不論是用於戰爭或和平的途徑，這都是使用者的事，與製造者完全無關。」

這樣反覆不定的思潮在阿佛列心中翻滾、激盪。

「這樣自責根本無濟於事，這完全是戰爭帶來的痛苦，只要消弭戰爭，火藥便是世上最完美的功臣，讓可惡的戰爭絕跡吧！」

任何時代，都有熱切盼望和平而願為和平努力的人，阿佛列年輕時也是一位熱血青年，他曾為實現理想而參加過和平運動。

和多數人交談，請教專家學者以及自身所得的經驗，他知道單單靠和平運動，根本無法消弭戰爭。

「你們的理想雖然崇高可敬，但是世界和平只憑貼標語或演說的形式就能實現，就能使戰爭銷聲匿跡嗎？我不敢苟同！」

「諾貝爾先生，您放心好了！只要我們苦口婆心地向世人闡明和平的可貴以及戰爭的罪惡，相信沒有人會願意讓戰爭與人類共存的。」

「理論上也許如此，但世界並非如你所想的那般單純，誰不憎恨戰爭帶來的災害？但它依然存在，這是無可避免的呀！」

「事實與理論雖有出入，但我們的努力不可能白費，我相信多少有幾分作用才是。」

「或許吧！總比完全不做強得多，但高唱和平對消滅戰爭而言，仍是無濟於事。」

由於對事實強烈的認知，阿佛列不再參加無意義的和平宣傳運動。但這並不表示他放棄和平主義，他想以另一種更有效的實際工作促使和平早日實現。

阿佛列苦思著，有什麼辦法才能使戰爭與人類世界完全絕緣。

　　父親健在時，阿佛列曾問起過這件事：「爸！你認為如何才能使戰爭絕跡？」

　　「我真不知道如何答覆你，因為目前我的工作正是製造能使戰爭全面獲勝的有效武器。」

　　「是否將來的人類會具有更高智慧來遏止戰爭的發生？」

　　「我不這樣認為，現代人類的智慧已經相當驚人。」

　　「爸，兵器和火藥不斷地進步，將來人類一旦發生戰爭，豈不要滅絕了？」

　　「哈哈！你這種想法似乎嚴重了點，人們不至於那麼傻，如果真有足以毀滅人類的強力武器，他們就不敢輕易動干戈。正因為這種超威力的武器永遠不會誕生，所以人類永遠有戰爭存在，我們的諾貝爾公司才能永遠生存。」

　　「如果製造出像父親所說的超級強力炸藥，那……」阿佛列對父親的想法頗表贊同。

　　「對了，我何必一再地內疚，我要繼續不斷地研究，希望能製造威力十足的火藥，以收嚇阻之效，這也是遏止戰爭的方法之一。而且火藥能促進文明發展，改善人類生活，是有益於人類的發明。」

　　這樣的念頭，使阿佛列錯綜的思緒得到一點端倪。為了人類和平，他要再研究，再發明更強大的火藥。他暗下決心說：「我有信心完成威力更強大的火藥，我必須在世界上留下和平的功績。」

　　阿佛列研究成功的硝化甘油、雷管、甘油炸藥乃至果凍式的可塑炸藥使火藥得到革命性的更新，也因為這種種偉大的成就，使他更有把握、更有決心和毅力要完成他的理想，製造足以遏止人類戰爭的強力炸藥。

「我的發明，雖被人們誤用為戰爭利器，使許多人因此喪失寶貴的生命，但被正確地利用，促進工業發展，使人類文化充滿蓬勃朝氣的功勞，也不可抹煞，兩者相抵，稍可將功折罪吧！」

諾貝爾的想法在當時是對是錯，那是另一個問題，但以今天我們的立場來說，他的想法確實有可取之處。

自從原子彈、氫彈等具備不可思議的強大毀滅性武器發明以來，人們深知其後果的嚴重，除了一些傳統式的零星戰鬥外，各列強絕不敢輕易發動戰爭，否則只有同歸於盡了，這正是所謂「以戰止戰」的道理。

諾貝爾按照自己的觀點，設法要完成他的理想。雖然他沒有製造出足以遏止人類戰爭的火藥，但他對人類文明進步的偉大貢獻是無法磨滅的。

由於他事業上的成就，使他擁有大量的財富，這筆為數可觀的財產，在他身後都以和平的名義作為獎金，留於後世。

他設立諾貝爾獎，正意味著他至死不忘和平主義的實現，他一生鞠躬盡瘁，為世界和平努力的精神，正與日月長存，歷久彌新。

諾貝爾火藥

「硝化甘油系的可塑炸藥具有與其他炸藥迥然不同的特性。」諾貝爾對他的助理說。

「有何不同？」

「其他火藥都是固體混合物。」

「是的。」

「黑色火藥是由硝石、木炭、硫磺混合而成，甘油炸藥則是硝化甘油滲入矽藻土中所製成的。」

「嗯，有的還加入木屑……」

「就是這個意思。」

「那麼這種可塑炸藥組合成分是什麼？」

「它的外形就和名字一樣可以隨意塑造，又像果凍的模樣。它是在硝化甘油中加入微量含有硝酸纖維素的火藥棉所製成的。」

「換句話說，它的每一個部分都很平均囉！」

「是的，任何一種火藥都無法像它一樣勻稱。」

「就是這樣！」

助理們對阿佛列的解說仍不甚瞭解。

「你們還不懂嗎？只要炸藥本身的每一個部分組織相同，含量一致，它們就可以同一速度進行燃燒。」

「這有什麼用處？」

「你們的反應真是遲鈍！火藥不僅要用在礦石爆破、開鑿馬路，還要利用在更精密的事物上。」

「我知道了，譬如用在大炮上，就可使子彈以正確的速度發射出去。」

「哈，你們總算想通了！如果你想瞄準遠處海上的軍艦，這個目標既遠又小，若子彈速度太快，必會飛越軍艦，若是太慢，還沒有到達目標就會掉落。所以要有正確的命中率，就必須使火藥以正確的速度爆炸。」

「哦，諾貝爾先生，難怪用黑色火藥來發射大炮和槍械時，命中率都很低呢。」

「是呀，必須在短距離內才能打中。」

「諾貝爾先生，你就是想用可塑炸藥來作為大炮發射藥嗎？」

「不！可塑炸藥雖具有同速爆炸的性質，但不適宜做發射火藥，它的用途有待詳細研究。」

「諾貝爾先生，你從事火藥研究，完全是為了製造武器嗎？」

「不，我仍然是和平主義者，但光憑口說，是無法消弭戰爭的，所以我希望製造威力強大的炸藥，因它的爆炸力能造成不可思議的嚴重後果，這樣才能嚇阻那些好戰人士，不敢輕易發動戰爭。」

「那就是說你要製造出威力強大而且發射正確的火藥囉！」

「是的，就是要以硝化甘油系的可塑炸藥去做更深入的研究。」

諾貝爾於是由硝化甘油系無煙火藥開始著手，希望產生各部更均勻且能完全燃燒的火藥。

諾貝爾和他的助理們共同研究，把硝化甘油和火藥棉以各種不同的份量混合後加以凝固，做成棒狀、板狀及顆粒狀，以便試驗它們的爆炸性質。

「嗯，這種調配最恰當，硝化甘油和火藥棉成分各半。」

「嗯，不錯，再加入10%的樟腦。」

「咦，樟腦？那不就像賽璐珞了嗎？」

「是呀，這就是賽璐珞的一種，只是在硝酸纖維素中多了硝化甘油，所以著火後非常厲害！」

「的確，真是可怕的賽璐珞！」

「這可不能作為玩具和人偶的材料呢！」

　　由硝化甘油和火藥棉製作成的膠質炸藥，也就稱為塑膠炸藥。

　　把做成棒狀的火藥拿來點火後所得結果經多次記錄比較，都是以同樣正確的速度完全燃燒。

　　「諾貝爾先生，這真是完美的試驗！」

　　「嗯，完全成功了！這種火藥不僅可用來爆炸，還可有更精良的用途呢。」

　　「真不可思議！」

　　「我們馬上用大炮試試看。」

　　於是諾貝爾訂製了一個實驗用的小型大炮。

　　經過多次試驗，在大炮中裝入的新火藥，每次都能正確地命中目標，毫無失誤。

　　「諾貝爾先生的想法果然正確，你不僅在火藥的革新方面有重大成就，如今在發射性火藥方面也有革命性的創新。」助理們都欽佩萬分。

　　「這麼粗重的大炮，竟能成為極度精密的機械，你們從未想到吧！」阿佛列得意地笑著說。

　　「從此以後，戰爭的形式可能又要改變了！」

　　「諾貝爾先生，您這話是什麼意思？」

　　「這就是說以前舊的炮彈只能對視線所及的物體發射，萬一沒有瞄準，還要重新調整炮口。如果炮彈落在目標前方，炮口要往上抬，如果炮彈落在目標後面，炮口就要往下傾，總得經常移動，有時候經過好幾次調整，還不一定能擊中目標呢。」

　　「新的發射炮彈……」

　　「新的發射火藥也就是塑膠火藥，只要測出正確的距離，

並調整火藥的強弱以及正確方向，稍微加以計算就絕對可以命中目標。」

「這樣不但方便省事，也不必再浪費炮彈了！」

「它不僅適用在目力可及的距離，就是無法看見的物體也能擊中。」

「啊，看不見的物體？」

「是的，在遙遠地平線那端的敵人或隔山的目標。」

助理們無不愕然，諾貝爾看到他們信疑參半的神情，繼續解釋說：「當然，對於那不可見的地方，我們必須有正確的地理觀念，也就是熟悉它的距離和方位。只要炮身角度正確，那麼，射出的炮彈絕不會出錯，即使是我們看不見的任何目標，也可以命中。」

「真厲害！但一切能順利無誤嗎？」

「你們等著瞧吧，這個理想很快就要實現了。」

大炮技術的改良，果然被諾貝爾言中。

不多時，炮擊已在不可見的雙方展開。就像海軍艦隊，雙方互不可見，彼此處於遙遠距離之外，但炮擊仍然激烈地在進行。

近年來人類登陸月球的壯舉，也是同一技術的進步，使火藥以極精密的正確性完全燃燒，推動太空船飛行於星際間而達目的地，造成空前未有的空間擴展。人類竟能登陸月球，豈是古人所能想像？

火箭的發射，是靠著內部火藥的燃燒產生衝力強大的氣體，借著氣體噴出的反作用以推動火箭飛行。

燃燒氣體噴出的速度若不正確，火箭就不能準確地發射，它飛往月球時的速度是每秒11,200公尺，每秒間的最大差異不

超過1公尺，其精確度可想而知了。

人類文明能進入太空時代，諾貝爾的研究事業功不可沒。

「真令人難以想像！諾貝爾先生你決定如何命名？」

「這……」

「就叫它諾貝爾火藥如何？」

「是不錯，但怕它會與甘油炸藥混淆不清。」

「哦，說的也是。」

「這種無煙火藥既然具有飛行的功能，我們不如以意取名，就叫它飛行炮彈吧。」

「好呀！」

於是由硝化甘油和火藥棉製成的飛行炮彈產生了，但也有人管它叫諾貝爾火藥。

遭受迫害

「聽說諾貝爾又有新發明了，是真的嗎？」

當諾貝爾發明的飛行炮彈完成後，消息很快地傳到法國陸軍總司令的耳朵裡，就在他的辦公室中，參謀長立刻被召來問話。

「是的，司令官！諾貝爾已將此新發明正式公開，是一種適用於大炮的發射火藥，名叫飛行炮彈。」參謀長回答。

「具有多大威力？」

「我也沒見過，既然是諾貝爾的發明，想必不是馬虎草率的東西。」

「組合成分呢？」

「據說是硝化甘油和火藥棉。」

「是無煙火藥的火藥棉嗎？」

「是的。」

「就是以前我國發明的B火藥嗎？」

「不完全相同。」

「我國自製的B火藥，使用效果如何？」

「很不錯。」

「是嗎？那我們法軍就不必用外人發明的火藥，而且為了維持我國的威信，也該使用自製的B火藥。」

「是的，長官說得有理。」

法國軍部對諾貝爾的新火藥雖有濃厚興趣，但由於諾貝爾顯赫的聲望遭到司令官的嫉妒，他不願購買新火藥來助長諾貝爾的聲望，決定使用自製的B火藥就夠了。

「報告司令官，諾貝爾是一位非常了不起的發明家，萬一他的火藥比B火藥更具威力，那該怎麼辦？」

「嗯，這是很有可能的事，所以我們必須在新火藥製造工作尚未進入情況之前，施以壓力破壞這項工作。」

「要如何採取行動，總司令？」

「你等著瞧，我一定會找到機會的。」

阿佛列根本沒有防到這一著，他仍繼續從事並宣傳飛行炮彈的新功能。此刻的阿佛列雖留居法國，但法國政府卻明顯地表現出對他所發明的火藥漠然無視的態度。

「法國當局真是愚蠢！以前普法戰爭中慘痛的教訓，仍未使他們覺醒。」諾貝爾對法國政府充滿失望的感慨。

當時最重視諾貝爾發明的是義大利，意國政府希望能與諾貝爾建立商業往來。

「法國忽視我的發明沒關係，只要有其他國家重視它、承

認它，我就滿意了。」

　　諾貝爾欣然接受義國政府的要求，售貨給義大利。

　　話題再回到法國陸軍司令的辦公廳。

　　「你看，諾貝爾真是個危險的小人，他住在我們境內並且做起生意來，如今還想把重要的軍事裝備賣給其他國家，這成什麼話！」陸軍司令氣勢凌人地說。

　　「是呀，如果再不加以制止，恐怕利益將盡歸他國！」

　　「我們要先下手為強！」

　　向諾貝爾購買飛行炮彈的義大利政府，進一步希望在國內製造這種新火藥，於是要求諾貝爾出售專利權，並請教他製作方法，諾貝爾欣然應允，以50萬里拉作為交換條件。

　　「諾貝爾竟敢把火藥製造法售予義大利，真是可惡！快，快想辦法制止他。」法國陸軍司令正式下令處置諾貝爾。

　　「報告司令，用什麼罪名？」

　　「就以違反法國火藥公賣法，封閉他的工廠，並將所有機械工具等一律沒收。」

　　「是。」

　　法國政府竟以如此卑下的手段來對付一個對世界有偉大貢獻的發明學者，真是出人意料！

　　一天早晨，警察闖入諾貝爾工廠的實驗室。

　　「這是怎麼回事？」諾貝爾深感詫異地問道。

　　「你違反了火藥公賣法，現在我們要查封你的工廠。」警員喃喃念著查封書上的理由。

　　諾貝爾勃然大怒地說：「真是笑話！什麼叫違反公賣法？我多年來一直從事這一行業，曾給法國帶來不少利益，你們竟來封閉我的工廠，簡直無理取鬧！」

「你不必多費口舌，我們只是奉命行事罷了！」

警察們於是開始動手執行任務，諾貝爾向他們提出嚴厲的抗議。

「這是我私人的研究室，不屬於工廠任何一個部門，你們擅闖民宅，難道不怕違犯法令？」

警察對諾貝爾的抗議絲毫不予理會，他們一擁而入，把藥品、實驗器具以及小型大炮統統帶走。

「真是無法無天、豈有此理！隨便捏造一個罪名誣告我、破壞我的工廠，B火藥算什麼？真正會遭受重大損失的是你們法國，我也不想逗留在這種國家了！」

阿佛列決定離開久居的法國。他希望能夠回到故鄉瑞典去，但在義大利的飛行炮彈火藥工廠已告竣工，而且義大利是一個氣候溫暖的國家，經過再三的考慮，終於決定前往義大利定居，這是1890年的事。

諾貝爾收拾研究所中殘餘的器物，起程前往義大利的聖利摩設立研究所。

諾貝爾的飛行炮彈炸藥並未因法國的破壞而一蹶不振，反而受到世界各國的承認與重視。1884年他被推舉為瑞典皇家科學協會會員，接著又成為倫敦皇家科學協會會員，巴黎的技術學會也邀請他為會員。

諾貝爾從此定居義大利。

沒想到飛行炮彈卻又給諾貝爾帶來一件不快之事。

有一天，諾貝爾閱讀一份英文雜誌，突然吃驚地說：「這是怎麼搞的？可魯特炸藥和我的飛行炮彈不是一樣的嗎？阿培爾怎會做出這種事來？」

「阿培爾怎麼了？」

「這份雜誌提到阿培爾對火藥棉的特殊貢獻，說他將火藥棉和硝化甘油及少量凡士林混合製成膠質炸藥，塑造成各種形狀，這些全都是很早以前我告訴他的。」

「他們在發表的文章中說這些都是阿培爾的發明嗎？」

「是啊！」

「阿培爾和諾貝爾先生很早就有來往，在火藥研究方面也時常交換意見，他對飛行炮彈的成分自然很清楚，如今竟竊為己有，真是太不應該，太沒有道義了！」

諾貝爾氣憤之餘，立刻向英國提出控告，說明阿培爾的可魯特炸藥，事實上，已包括在他所發明的飛行炮彈專利範圍之內。

雖然法院受理這個案件，但英國當局拒不承認，因此可魯特炸藥竟成了英國人的發明。

這件事情成為諾貝爾一生中最嚴重的創傷，他深感遺憾而痛心，儘管在法國曾受到非禮的迫害，財物損失不貲，但他的名譽絲毫未受損害。如今他辛勤努力獲得的精心創作卻輕易地被人剽竊，變成別人的榮耀，對於一個科學發明家來說，何者可忍，何者不可忍？

諾貝爾終於因過度憂鬱而病倒了。

在這段沮喪的日子裡，他曾寫信給住在英國的朋友。

「人不該只為一點損失就小題大作，我也不例外，如果是個人，做錯事還情有可原，但堂堂一個國家卻罔顧道義，我實在無法想像他們何以還能安然立足於世？

「真是荒謬至極！因為此事，我在法庭上訴失敗，賠償了兩萬八千英鎊，唉，真是一個可憐又可笑的發明家！」

從這封信的字裡行間，我們可以體會到阿佛列那種激憤、

失望的心緒，以及無法使之平定的悲傷。

　　但由於他製造的無煙火藥，具有最佳性能，因此世界各國均競相採用。義大利、德國、奧地利、瑞典、挪威等的陸海軍無不為飛行炮彈歡呼，甚至英國也不例外。

　　諾貝爾因為飛行炮彈而遭受許多橫逆、阻難，但飛行炮彈也為他帶來為數可觀的財富。

　　……

最後的光輝

　　「我已年邁，雖然事業蒸蒸日上，究竟歲月不饒人，我還能度過多少個寒暑呢？」有一天，諾貝爾感傷地思忖著。

　　他這時已56歲，是一個頭髮斑白的老翁。

　　「人生不過數十寒暑，我身後之事又將如何？」諾貝爾對逝去的歲月不禁黯然，「我在事業上所獲得的財富，難以計數，這筆龐大的財富，在我死後又有何用？既無法帶入地府，又無人繼承。我必須在一息尚存的日子裡，將它做有意義、有價值的安排。」

　　諾貝爾希望找到最適當的方法來分配遺產的用途。

　　「實在百無頭緒，幸好我尚未到老死的地步，還有時間做長遠的計畫。」

　　他雖未想出解決之道，但歲月卻無情地悄悄流逝。

　　「我一步步迎向死神，事情卻毫無著落，如果我找人商榷，恐怕又有一大群要求捐獻的人！」

　　他首先考慮到捐款給斯德哥爾摩醫學專科學校。

　　「醫學是人類幸福中最重要的一環，為使人類幸福延綿、

減少病情，必須大力支持醫學研究工作。因此撥出一部分財產作為瑞典卡洛林斯卡研究院的研究資金，這是很有意義的事。」

諾貝爾決定捐助斯德哥爾摩醫學教育的研究和補充醫院的設備。

「只要我成竹在胸，其他繁雜的瑣事就讓別人去操心吧！」

1893年，諾貝爾擬好遺囑：「以醫學為首，其次是世界和平。我該為世界和平盡點心意。」

諾貝爾以17%的財產作為卡洛林斯卡研究院和瑞典醫學界、維也納和平協會、巴黎瑞典俱樂部等組織的基金。

「總算解決一部分問題了，至於其餘的財產應該以全人類的幸福為前題。瑞典是我生長的故鄉，為了祖國的繁榮，貢獻我個人的力量是理所當然的。但只顧慮到我的國家、我的民族，未免心胸太狹隘。這種地域觀念正是阻礙世界通往大同之道的絆腳石！」

諾貝爾雖屬瑞典籍，但他的足跡遍及歐美各國，也曾受到許多國家的照拂。

「我生於瑞典，長於俄國，在美、法接受知識的啟蒙，又曾到德國養病，如今在義大利安度餘年。建立在各國的甘油炸藥公司使我獲得各界人士的支援與最大的利益。」

他回憶過去，深深感受到自己與世界各國有牢不可分的關係，原來根植於內心的愛國情操已擴展為偉大的世界之愛。「追求幸福是人類的慾望，享受幸福是人類的權利，我的財產只有用在消除戰爭與促進文明上，才能發揮最大的功能，僅僅使瑞典獨享幸福，並非上上之策。」

為了全人類的幸福，諾貝爾勢必有妥善的安排。

1895年11月27日，諾貝爾為遺留給人類的龐大財富定好使用途徑，他寫下一份詳細的遺囑：「凡是對世界有重大貢獻者，當給予獎勵。

為了真正的和平，這個獎勵不分國籍、不分種族。人種歧視是戰亂的根源，人類雖然有膚色上的差異，怎能因此判定其優劣？何況任何一個種族，都有成就大事的偉人。歧視別人，是最愚昧、無知的行為！」

因此，諾貝爾獎的受獎人，不受國籍、種族與信仰的限制。

哪一種成就才值得予以受獎資格？首先，他想到科學，因為科學是改善人類生活最大、最具體的動力。可是科學的門類不勝枚舉，若不指明，就顯得太籠統了。

與人類最貼近的就是日常所需，諸如機械、電動器具等，這是物理學的範疇，應該設立一項物理獎。

至於物理製品的產生過程中，少不了化學方程式，可不能忽略了自己的本行，也該立一項化學獎。

於是，物理與化學獎由此產生。

喜愛文學，常在工作之餘欣賞文學作品，又喜歡創作的諾貝爾，認為文化傳播具有風行草偃的力量，文學能揭發人性與社會的真實面，引導群眾走向中正之道，因此具有啟發作用的文學作者，也該受到獎勵。

只要是有內容、有思想，能辨別是非善惡，主持公理的優秀作品，便可入圍。

於是，文學獎也誕生了。

他仍覺得有所欠缺，身為一個和平主義者，怎可忽視對人類和平有貢獻的人？

「能消弭戰爭、促進和平的人也該列入受獎名單，但是應以何種名譽受獎？嗯，就叫它和平獎吧！世界上任何一個角落，都有為爭取人類真正和平而與邪惡對抗的人，他們的功勞不該受到冷落。」

諾貝爾立刻寫下遺囑，決定在他死後把遺產的全部利息，分為5等份，成立5個不同的獎金。

當時諾貝爾的財產總數是3128萬克倫，折合英鎊大約是170萬，這筆鉅款存放在銀行，把每年滋生的利息，作為「對人類幸福最具貢獻者」的獎金。

根據諾貝爾的遺囑，指定利息必須分為5等份，作為5種獎金頒發。至於受獎的人選，在物理、化學方面必須由斯德哥爾摩的卡洛林斯卡學會決定。

文學方面由斯德哥爾摩學術院審查。和平方面則由挪威議會的5人委員會決定。

「我已盡全力為人類和平幸福做最後的努力，多年來心中的不安今已盡釋，我可以安心離去，死而無憾了！」諾貝爾卸去雙肩的重擔，頓感輕鬆無比。

「能像我一樣幸運，終身幸福的人實在不多！」雖然年老而行動不便，但躺在床上的諾貝爾終日笑顏滿面，愉快地寫著小說，他自嘲說：「縱使其他的獎我已無望，但我還能寫寫小說，爭取文學獎哩！」

諾貝爾的晚年是安詳平靜的。

永恆的遺囑

立完遺囑後的諾貝爾，心情一直是愉快而開朗的，他經常

利用病情好轉的時候，從事研究或寫小說。

「我已創下了龐大的事業，在死後也能留給人類大筆基金，雖然今後我所能做的只是微不足道的事情，但我仍願努力。」

諾貝爾已如風中殘燭，加上關節炎和心臟病的糾纏，更顯得憔悴、衰頹。他自忖說：「我快不行了！」

諾貝爾雖已坦然一無牽掛，但仍無法趕走老年的寂寞，如今只有二哥路德伊希的兒子伊馬是他唯一的親人。

侄兒伊馬非常敬愛叔叔，諾貝爾去世前兩年在那不勒斯所建的別墅，全由伊馬負責布置。他務求舒適，以便讓叔叔靜心療養。

「關節炎毫無好轉。我可能不久於人世了！」有一天，諾貝爾對侄子說。

「不會的，叔叔，這裡風景十分優美，只要您安心在別墅中靜養，一定會好的。」

諾貝爾由於病情日趨嚴重，必須前往巴黎治療，所以別墅又變得空蕩蕩的。

風濕所造成肉體上的痛苦，雖不致危及性命，但心臟病卻不斷地惡化。

「難道醫學上對心臟病的治療始終沒有進步，也沒有發明什麼新藥物嗎？」

「沒有，目前仍舊以硝化甘油的製品最有效。」

「如果我的心臟病能夠痊癒，那硝化甘油真的成了我一生中的幸運之神了！」諾貝爾調侃地說。

1896年11月，諾貝爾病情稍見好轉，於是回到聖利摩。他自己知道將不久於人世了。

　　聖利摩研究所的一名技師來探望他，並向他提出更新的硝化甘油炸藥研究報告。

　　「太好了，你們幾位能繼我之後，努力做更精良的研究，是我最大的安慰，也才能叫我死後瞑目。」

　　「您千萬別這樣說，我們還等著您回來繼續指導呢。」

　　「不用安慰我，自己的身體只有自己最瞭解。」諾貝爾微笑著向桑德曼說。

　　「您千萬不可如此消沈。」

　　「那當然，我已為人類和平與文明盡了力了！」

　　「是的，這是世人公認的。」

　　「對於我身後之事，在遺囑中已有詳細的交代。」

　　「我已聽說了，諾貝爾先生您實在太偉大了！」

　　「我現在還有一件事，希望你能替我傳達。」諾貝爾睜大眼睛認真地說，「從公共衛生的觀點來看，土葬是不合理的，所以我希望能火葬。」

　　「諾貝爾先生，您先別這麼說。」

　　「不！我是當真的，本來這件事在遺書中交代得很清楚，但我又害怕被火燒時，會有痛苦的知覺。所以我的遺體一定要在死後兩天才可送去火葬，以免我在火爐中復活。」

　　「哇，您的想法真叫人害怕！」

　　「我誠心地託付你，因為我的日子已經不多，這問題總是要解決的。」

　　諾貝爾繼續對他說：「我何嘗不希望能恢復健康，和你們共同研究！」

　　「當然，您一定會的！」技師不斷地為諾貝爾打氣。

　　但諾貝爾終究無法抗拒死神的召喚。

12月7日這一天，諾貝爾寫信告訴桑德曼說：「你的報告資料，我感到十分滿意，我想硝化甘油炸藥，已進入最高階層了。」

「無法再和你們共事，是我最大的遺憾！」

「今日我連寫這封短信，都感到非常吃力。」

寫完這封信的幾小時後，諾貝爾又因心臟病復發，痛苦得無法動彈。

第三天，也就是1896年12月10日晚上，他告別人世，享年63歲。

偉大的諾貝爾永遠與孤寂為伍，直到臨死，在他周遭仍見不到一點家庭的溫暖與親人的悼唁。

但他並不是一位無法排遣寂寞、悲傷不振的人。他有豐富的情感，以及至死不變的愛心。

追悼會在聖利摩的米尼德莊舉行，巴斯特也特地從巴黎趕來參加，此外，還有瑞典派來的追思團體。

諾貝爾的遺骸很快地由聖利摩移回瑞典，在12月29日正式舉行葬禮，並將他安葬在家人的身旁，這才完成了諾貝爾最後的心願。

一位絕代的偉人，留下了曠古的事業，從此長眠。他大半輩子都奔走他鄉，如今總算落葉歸根，重回祖國懷抱了。

北歐的瑞典，漫長的黑夜與白晝柔弱的陽光正迎接著偉人的靈魂，並且守護著他的遺體，相信這也是全瑞典同胞所樂意做的。

前面已提到諾貝爾的遺囑，他把大部分財產奉獻給對世界文明有貢獻的各種人才，鼓勵那些聰明睿智的人，永遠要為人類造福。

「諾貝爾先生偉大的胸懷、縝密的思慮，真叫人敬佩！」

「阿佛列・諾貝爾不是一位普通的企業家或發明家，他不因暴利而致力於發明，是人類文明進化的領袖！」

大家對諾貝爾的遺志，感歎不已。

「就把獎金命名為諾貝爾獎吧！」

「諾貝爾獎？」

「太好了！」

從此諾貝爾獎成為世界性的獎賞，也是全球最高的榮譽。

諾貝爾偉大的精神永遠活在諾貝爾獎中，與世長存。

國家圖書館出版品預行編目資料

化學隨筆／尼查耶夫著；王力譯. ——初
版. ——臺北市：五南, 2008.11
　　面；　公分
譯自：Secrets in chemistry
ISBN 978-957-11-5199-1 (平裝)
1.化學　2.通俗作品
340　　　　　　　　　　　　97007214

5A66

化學隨筆

作　　者 — （俄）尼查耶夫

翻　　譯 — 王力

發 行 人 — 楊榮川

總 編 輯 — 龐君豪

主　　編 — 穆文娟

責任編輯 — 蔡曉雯

文字編輯 — 李敏華

封面設計 — 郭佳慈

出 版 者 — 五南圖書出版股份有限公司

地　　址：106台北市大安區和平東路二段339號4

電　　話：(02)2705-5066　　傳　真：(02)2706-61

網　　址：http://www.wunan.com.tw

電子郵件：wunan@wunan.com.tw

劃撥帳號：01068953

戶　　名：五南圖書出版股份有限公司

台中市駐區辦公室／台中市中區中山路6號

電　　話：(04)2223-0891　　傳　真：(04)2223-35

高雄市駐區辦公室／高雄市新興區中山一路290號

電　　話：(07)2358-702　　傳　真：(07)2350-2

法律顧問　元貞聯合法律事務所　張澤平律師

出版日期　2008年11月初版一刷
　　　　　2010年11月初版二刷

定　　價　新臺幣250元

本書譯文由（北京）燕山出版社授權（臺
灣）五南出版股份有限公司出版繁體中文
版。

※版權所有·欲利用本書內容,必須徵求本公司同意※